职业技能培训教材

◎ 冯国强　张洪尧　张小丽　主编

中式面点制作

中国农业科学技术出版社

图书在版编目（CIP）数据

中式面点制作／冯国强，张洪尧，张小丽主编．—北京：中国农业科学技术出版社，2017.6

职业技能培训教材

ISBN 978 - 7 - 5116 - 3060 - 5

Ⅰ.①中… Ⅱ.①冯…②张…③张… Ⅲ.①面食 - 制作 - 中国 - 技术培训 - 教材 Ⅳ.①TS972.116

中国版本图书馆 CIP 数据核字（2017）第 096230 号

责任编辑　　徐　毅
责任校对　　马广洋

出 版 者　　中国农业科学技术出版社
　　　　　　　北京市中关村南大街 12 号　邮编：100081
电　　话　　(010)82106631(编辑室)　　(010)82109702(发行部)
　　　　　　　(010)82109709(读者服务部)
传　　真　　(010)82106631
网　　址　　http://www.castp.cn
经 销 者　　各地新华书店
印 刷 者　　北京昌联印刷有限公司
开　　本　　850mm×1168mm　1/32
印　　张　　5.375
字　　数　　125 千字
版　　次　　2017 年 6 月第 1 版　2017 年 6 月第 1 次印刷
定　　价　　18.00 元

《中式面点制作》
编委会

主　编：冯国强　　张洪尧　　张小丽

副主编：张前红　　石见文　　张　旭

内容简介

　　本书共 8 章，包括中式面点师工作认知、中式面点的基础知识、馅心制作、水调面品种制作、膨松面品种制作、层酥面品种制作、米粉面品种制作、杂粮面品种制作。内容翔实、语言通俗、科学实用是本书主要特色。本书可供全国各地区从事中式面点工作的人员岗位培训或就业培训使用，也可作为中式面点师职业技能培训教材。

前　言

　　中式面点是以面粉和米粉等为主料，以糖、油、蛋等为辅料，再配以多种调味品，制作而成的各类面食和点心。随着人们生活水平的提高，对面点的需求已不仅是为了充饥饱腹，而是注重口味，讲究营养与保健。因此，中式面点制作人员不仅要掌握制作的基本技术，还要在此基础上开拓思路，研制新的品种。

　　本书结合"中式面点师国家职业标准"要求，以中式面点制作基本功为主要内容编写。全书共8章，第一章、第二章分别介绍中式面点师工作认知、中式面点的基础知识、馅心制作、水调面品种制作、膨松面品种制作、层酥面品种制作、米粉面品种制作、杂粮面品种制作。前两章主要介绍了一些理论知识，其中，工作认知方面，介绍了中式面点师的岗位须知、职业道德、面点制作的设备和工具以及从事面点工作的相关法律等；基础知识方面，介绍了饮食营养、饮食安全、中式面点师常用原料等知识。第三章从原料加工、口味调制、上馅方法等方面对馅心制作进行了介绍。第四章至第八章分别介绍了水调面、膨松面、层酥面、米粉面、杂粮面等品种的调制、成型和成熟等基本技能，并配有实例制作。

　　由于编写时间和水平有限，书中难免存在不足之处，恳请广大中式面点培训教师以及学员们提出宝贵意见，以便及时修订。

编　者
2017 年 3 月

目　录

第一章　中式面点师工作认知

第一节　中式面点师的岗位须知

一、中式面点师

中式面点师是指运用中国传统和现代的成型技术和成熟方法，对面点的主料和辅料进行加工，制成具有中国特色及风味的面食、点心或小吃的人员。

二、中式面点

面点是面食与点心的总称，它包括面食、米食、点心、小吃等。

中式面点从广义上讲，泛指用各种粮食（如米类、麦类、杂粮类等）、果蔬、水产等为原料，配以多种馅料制作而成的各种点心和小吃。狭义上讲，特指利用粉料（主要是面粉和米粉）调制面团制成的面食小吃和正餐筵席的各式点心。

中式面点从内容上看，既是人们日常生活中不可缺少的主食，也是人们调剂口味的辅食。

三、中西式面点的区别

中式面点是相对于西式面点而言的，两者在用料、制法、口味等方面有明显区别。

1. 用料上的区别

中式面点一般以面粉为主要原料，而糖、油、蛋等则作为辅料，制品在用料的配制上相对简单，突出主料，辅料较少；西式面点主要以蛋、奶油、糖、面粉等为基本主料，果品、乳品和巧克力等使用较多，用料十分讲究，不同制品的用料有不同的要求，且辅料丰富。

2. 制作工艺上的区别

一般地说，中式面点的制作有一个较固定的程序，即绝大多数中式面点操作程序为：原料—和面—饧面—调面—搓条—下剂—制皮—上馅—成型—熟制—成品，且讲究造型。成型方法以包、捏、搓、卷等为主，形状以花草虫鱼、飞禽走兽为常见。熟制方法一般以蒸、煮、炸、煎为主。

西式面点制作一般没有一个固定的顺序，因品种不同，制作工艺各具特点，且大部分为先成熟后成型的品种。同时，西式面点重装饰，讲究拼摆和点缀，手段丰富，变化无穷。成型方法有挤、夹、切、擀等，熟制方法以烤、煽、煎为常用。

3. 口味上的差别

中式面点讲究调味，口味以香、咸、甜等为主，复杂多样。西式面点突出乳、蛋、糖等的本味，香味浓，以甜味为主，口味相对较单调。

第二节　中式面点师的职业道德

一、道德

1. 道德的定义

道德是指人类社会生活中依据社会舆论、传统习惯和内心信念，以善恶评价为标准的意识、规范、行为和活动的总和。道德是构成人类文明，尤其是精神文明的重要内容。通常讲的道德是指人们在一定的社会里，用以衡量、评价一个人思想、品德和言行的标准。

道德的定义说明，道德是以善恶为标准，调节人们和社会之间关系的行为规范，因此，它总是扬善抑恶的。从道德的定义中还可以知道，道德的特性是依据社会舆论、传统文化和生活习惯来判断一个人的道德品质的。它不是由专门机构制定、执行的一种规范，而主要是依靠人们自觉的内心信念来维持的。

2. 道德的重要性

人们之所以重视道德，是因为"人"具有社会性，人都是社会的人，离开社会个人就无法生存。人一出生，便生活在家庭和社会里，和他人发生这种或那种联系。"在家靠父母，出外靠朋友"这句话很典型地说明，个人离开别人或得不到别人帮助，就无法长大，长大了也无法生存。人来到世界上，总要处理和别人的关系：在家要处理好与父母、兄弟、姐妹及夫妻的关系；在学校要处理好与老师、同学的关系；工作中要处理好与领导、师傅、同事、客户之间的关系；在社会上要处理好与朋友、亲戚、国家、民族等关系。能处理好这些关系，就能给自己和别人带来欢乐和幸福；处理不好就会带来烦恼和痛苦。在处理好这些关系的时候，除道德规范外，还有法律、政策和规章制度等规范。前者靠人们加强道德修养，自觉的内心信念来维持；后者则由国家制定，凭借的是强制的力量，进行硬性的制裁。但无论是法律、政策和规章制度，都不可能包罗所有社会生活中的消极现象。也就是说，有些大家公认的不道德的言行，或者有悖于传统习惯和公众舆论的坏事，不可能全部用法律、政策和规章制度来解决。所以，作为每一名社会公民都要自觉的遵守道德准则，用道德标准来衡量自己的言行。

二、职业道德

1. 职业道德的定义

职业道德是人们在特定的职业活动中所应遵循的行为规范的总和。职业道德是整个社会道德体系中的重要组成部分。在社会主义时期，职业道德是社会主义道德原则在职业生活和职业关系中的具体体现。

随着人类进步和社会发展，社会分工越来越细。各种职业分工日益繁多，人与人的职业关系也越来越密切。随着社会分工不断细化，社会上划分出众多不同的社会职业，同时，也产生了不同行业的道德规范。不同的职业道德规范，体现了本行业特殊的、协调人们利益关系的要求。各行业的职业活动都有自己的客观规律，为维护行业生存与发展的利益，就必须有体现行业内在要求的职业道德规范。如教师的"为人师表"、医生的"救死扶伤"、公务员的"公正廉洁"、商业从业人员的"货真价实，公平交易"等都是行业职业道德的具体要求。职业道德不仅调节本行业与其他社会行业和顾客之间的关系，也调节行业内部人员之间相互的利益关系。在社会主义社会里，每一个行业都是为人民服务的行业，因此，又都要共同遵循为人民服务的宗旨。要体现社会主义道德"五爱"的基本要求，发扬国家利益、人民利益、集体利益和个人利益相结合的社会主义集体主义精神，同时，要具有掌握发展各自行业技术的本领，以及忠于职守、爱岗敬业的献身精神。

2. 加强职业道德建设

在社会主义道德建设中，特别要强调加强职业道德建设。

第一，职业道德覆盖面最广，影响力最大，对人的道德素质起决定性作用。

第二，职业道德与社会生活关系最密切，关系到社会稳定和人际关系的和谐，对社会精神文明建设有极大的促进作用。

第三，加强社会主义职业道德建设，可以促进社会主义市场经济正常发展。

第四，良好的职业道德，可以创造良好的经济效益，有力地保障个人的合法利益。

三、中式面点师的职业守则

1. 忠于职守，爱岗敬业

（1）含义。忠于职守就是要求把自己职责范围内的事做好，符合质量标准和规范要求，能够完成应承担的任务。

尽职尽责的关键是"尽"。尽就是要求用最大的努力，克服困难去履行职责。与尽职尽责和忠于职守相反的，就是玩忽职守，这种作风即不把工作当回事，不把责任放在心上，工作马马虎虎，凑合应付，心不专注；或者干脆消极怠工，偷懒耍滑，不遵守纪律。显然这些人不热爱自己的工作岗位，缺乏对国家、人民、集体、他人的负责精神，必然会造成对工作的损失和对他人的损害。

爱岗就是热爱自己的工作岗位，热爱本职工作；敬业就是用一种恭敬严肃的态度对待自己的工作。社会主义职业道德提倡的敬业有着相当丰富的内容。投身于社会主义事业，把有限的生命投入到无限的为人民服务当中去，是爱岗敬业的最高要求。

爱岗敬业，忠于职守绝不是口号，而是有着实在内容的行为规范，如发扬艰苦奋斗和勤俭办事的精神，就体现了主人翁的劳动态度。有人认为自己不过是打工仔，财产也不属于自己所有，就大手大脚浪费原材料，随便扔掉边角余料，甚至火不旺时就往火上浇炒菜用油，造成严重的浪费。这不仅直接损害了国家、集体的利益，而且由于浪费加大了成本，也给消费者带来损害。

（2）具体要求。任何一种道德都要求从一定的社会责任出发，在履行自己对社会的责任的过程中，培养相应的社会责任感，同时，培养良好的职业习惯和道德良心、情操，通过长期的实践使自己逐步达到高尚的道德境界。因此，职业道德要从忠于职守、爱岗敬业开始，把自己的心血全部用到自己从事的职业中去，把自己的职业当作生命的一部分。"干一行爱一行"，这是职业道德最起码的要求。在社会主义制度下，厨师职业享受着与其他职业平等的待遇，社会地位越来越高，不少有成就的烹饪工作者，获得了"国宝"级专家的荣誉。

忠于职守，爱岗敬业的具体要求就是：树立职业理想，强化职业责任，提高职业技能。

①职业理想：就是人们对未来工作部门和工作种类的向往和对现行职业发展将达到什么水平、程度的憧憬。理想层次越高，越能发挥自己的主观能动性，作为餐饮企业员工，要自觉树立起职业理想，不断激发自己的积极性和创造性，实现自我价值。

②强化职业责任：是指人们在一定职业活动中所承受的特定责任，包括人们应该做的工作以及应该承担的义务。职业责任是企业员工安身立命的根本，因此企业及从业者本人都应该强化职业责任，树立职业责任意识。

③职业技能也称职业能力：是人们进行职业活动、履行职业责任的能力和手段，包括从业人员的实际操作能力、业务处理能力、技术技能以及与职业有关的理论知识等。努力提高自己的职业技能是爱岗敬业的必然体现，即没有相应的职业技能，就不可能履行自己的职业责任，实现自己的职业理想。

在人民生活水平日益提高的今天，餐饮是社会职业中不可缺少的行业，在改善人民生活质量方面发挥着不可替代的作用。餐饮从业人员发扬忠于职守、爱岗敬业的崇高精神，就能为人民增添欢乐，为社会主义增光添彩。

2. 讲究质量，注重信誉

（1）含义。质量即产品标准，讲究质量就是要求企业员工在生产加工企业产品的过程中必须做到一丝不苟、精雕细琢、精益求精，避免一切可以避免的问题。信誉即对产品的信任程度和社会影响程度（声誉）。一种商品品牌不仅标志着这种商品质量的高低，也标志着人们对这种商品信任程度的高低，而且蕴涵着一种文化品位。注重信誉可以理解为以品牌创声誉，以质量求信誉；竭尽全力打造品牌，赢得信誉。

（2）具体要求。职业不仅是一个人安身立业的基础，也是为国家、集体、他人谋利益、做贡献的基本途径。因此，一个人能否精通本职业的业务，既是做好本职工作的关键，也是衡量一个人为国家、集体和他人做多大贡献的一个重要尺度，这理所当然地也成为餐饮从业人员职业道德的一项重要内容。

餐饮从业人员烹制的菜点，其质量的好坏决定着企业的效益和信誉。

餐饮业烹制菜点的目的是为了卖给顾客，因此，菜点就具有商品的特点，与其他商品一样，具有使用价值和价值的两重属性。作为商品的生产企业，生产者和经营者有着自己的独立利益，只有这种利益得到尊重，才能调动商品生产者的积极性。然而要求人们尊重商品生产和经营者的利益，并非是指商品经营者想怎么干就怎么干，而是其必须接受国家宏观调控，要依法经营。越是有独立的利益，就越要正确处理好国家、企业、职工、他人（消费者）的利益关系。这种利益调整是通过买与卖的交易过程实现的。也就是说，具有商品属性的菜点，只有能够卖得出去，才是商品，才能实现价值。因此，货真价实就成为职业道德重要的组成部分。以次充好、粗制滥造、定价不合理等，实际上就是无偿占有别人的劳动成果，是不道德的行为。

一分质量一分价钱，这是自古以来商业工作者的职业道德。

然而在这方面有些餐馆做得不是很好。菜点不符合质量要求，问题较多，偷工减料、以次充好时有发生，这是严重的欺骗行为，也是不遵守行业职业道德的表现。

讲究质量并不是在任何情况下都要求必须是绝对高的质量。在商品经济条件下，衡量质量标准的尺度是价格，例如，花很少的钱要求吃鱼翅席或特色菜品，是不可能的，因为，它不符合等价交换原则。但是有一点是肯定的，就是按照餐馆菜点价目表上规定的价格付款，就必须得到相应质量的菜点。违背这一原则，就是违反了职业道德，而违反了职业道德，企业的信誉就肯定会受到影响。因此，道德调整人们利益关系的意义就在于，只有确实为顾客着想和服务，才有自己的利益。损害了顾客利益，也就丧失了自己的利益。

3. 遵纪守法，讲究公德

（1）含义。遵纪守法是指每个从业人员都要遵守纪律和法律，尤其要遵守职业纪律和与职业活动相关的法律法规。公德即公共道德，从广义上讲就是做人的行为准则和规范。

（2）具体要求。遵纪守法包括学法、知法、守法、用法，遵守企业纪律和规范。为了规范竞争行为，加强法制的力度和维护消费者利益，国家出台了一系列法律、法规、政策。

法律、法规、政策是调节人们利益关系的重要手段，有力地促进了市场经济的健康发展。任何社会组织都需要制定有约束力的规章制度，规定所属人员必须共同遵守和执行的内容，这就是纪律。纪律和法律、法规、政策一样，是按照事物发展规律制定出来的一种约束人们行为的规范。能自觉遵守纪律，就能把事情办好，违反纪律就会使工作不能正常运转，因此，必须遵纪守法。凡是违法、违规和不守纪律的行为，都是不道德的行为。凡违法行为，都要依法受到法律规定的处罚。

纪律一般用规章制度的形式公布于众。例如，遵守劳动纪律、服务纪律、操作规范、操作程序，履行本岗位职责，执行企业要求做到的各项规定等。

法律则是人民代表大会通过并颁布的命令，要求全体公民必须遵守。目前，已颁布的与饮食业有关的法律，主要有《中华人民共和国合同法》《中华人民共和国产品质量法》《中华人民共和国计量法》《中华人民共和国食品安全法》《中华人民共和国消费者权益保护法》《中华人民共和国野生动物保护法》《中华人民共和国环境保护法》等，这些法律和规定，反映了人民的意愿，体现了国家的意志。

遵纪守法是对每一个公民的基本要求，能否遵纪守法，是衡量职业道德好坏的重要标志。上述与饮食业有关的法律和规定，都要求每一名员工在岗位工作中身体力行。

讲究公德是餐饮从业人员必须具备的品质，"德"即思想品德，"公"指国家、民族和大多数人民群众的利益。讲究公德要求从业人员做到公私分明，不损害国家和集体利益。要求有大公无私的品格、秉公办事的精神，绝不能将工作岗位当成牟取私利的工具。

4. 尊师爱徒，团结协作

（1）含义。尊师爱徒是指人与人之间的一种平和关系，晚辈、徒弟要谦逊，尊敬长者和师傅；师傅要指导、关爱晚辈、徒弟，即社会主义人与人平等友爱、相互尊敬的社会关系。

团结协作也是从业人员之间、企业与企业之间关系的重要道德规范，包括顾全大局、友爱亲善。搞好部门之间、同事之间的团结协作，才能共同发展。

（2）具体要求。具体要求包括互相尊重、顾全大局、相互学习、加强协作等几个方面。

中国烹饪文化源远流长，世代相传，在世界上享有崇高美誉。这是历代烹饪厨师辛勤劳作和创造性劳动的结果。一代一代的厨师，通过师徒传艺的形式，使很多烹饪方法、技艺得以继承和发展。随着时代的进步，传艺的手段有了多样性的变化，但不管形式如何变化，老师傅仍然发挥着至关重要的作用。因此，尊师爱徒是厨师行业的传统职业道德，必须继承和发扬。

老一代厨师是国家和社会的宝贵财富。一般来说，他们既具有爱党、爱国、爱社会主义的高尚品德，又有高超手艺和绝活，在长期实践中积累了丰富经验，为烹饪事业的发展做出了很大贡献，理应受到尊重和爱戴。青年厨师都具有一定的学历，有较强的接受能力，是中国烹饪未来的希望。在知识经济时代，知识更新速度越来越快，新的烹饪原料、工艺不断涌现。为使中国烹饪走出国门，迈向世界，中国烹饪中的一些薄弱环节，如食品营养学的研究亟须改善和加强。因此，在尊师爱徒的前提下，团结合作、互相学习和补充是时代的要求。

团结协作还表现在工作中的相互支持与配合，厨房内部有不同的分工，上一道工序要为下一道工序提供方便。只有相互配合和协作，才能完成任务。如果每一个人只图自己省事，只顾自己方便，就很难合作，质量就无法保证。相互为对方着想，相互配合，还包括互敬互学、共同提高的内容。现代企业中，质量的要求不是一个岗位做好了就能达到规范标准，只有每一个岗位都按标准执行，才能保证质量。

因此，团结协作是一种团队精神，是社会主义集体主义的具体表现，是职业道德的重要内容。

5. 积极进取，开拓创新

（1）含义。积极进取即不懈不怠，追求发展，争取进步。开拓创新是指人们为了发展的需要，运用已知的信息，不断突破常规，发现或创造某种新颖、独特的有社会价值或个人价值的新事物、新思想的活动。

（2）具体要求。学习文化科学技术，是富国强民的关键，一刻都不能放松。在学习新知识、钻研新技术的过程中，要不惧挫折，勇于拼搏，而开拓创新要有创新意识和科学思维，同时，要有坚定的信心和意志。知识经济时代，学习是永恒的主题，知识是推动行业发展的动力之一。作为烹饪从业人员，要不断地积累知识，更新知识，满足原料、工艺、技术不断更新发展的需要，满足企业竞争、人才竞争的需要。

第三节　中式面点生产的工具设备

一、常用工具的使用和保养

1. 面杖工具

（1）擀面杖。擀面杖形状为细长圆形，根据尺寸可分为大、中、小3种，大的长80～100cm，适合擀制面条、馄饨皮等；中的长50cm左右，适合擀制大饼、花卷等；小的长33cm，适合擀制饺子皮、包子皮、小包酥等。

使用方法：双手持面杖，均匀用力，根据制品要求将皮擀成规定形状。

（2）单手杖。单手杖又称小面杖，两头粗细一致（图1－1），用于擀制饺子皮、小包酥等。使用时双手用力要匀，动作协调。

使用方法：事先把面剂子按成扁圆形，左手的大拇指、食指、中指捏住左边皮边，放在案板上，右手持擀面杖，压住右边皮的1/3处，推压面杖，不断前后转动，转动时要用力均匀，将面剂擀成中间稍厚、边缘薄的圆形皮子。

（3）双手杖。双手杖较单手杖细，擀皮时两根合用，双手同时使用，要求动作协调。主要用于擀制水饺皮、蒸饺皮等。

使用方法：将剂子按成扁圆形，将双手杖放在上面，两根面

图 1 – 1　单手杖

杖要平行靠拢，勿使分开，擀出去时应右手稍用力，往回擀时应左手稍用力，双手用力要均匀，这样皮子就会擀转成圆形。

　　（4）橄榄杖。它的形状是中间粗、两头细（图 1 – 2），形似橄榄，长度比双手杖短，主要用于擀制烧卖皮。

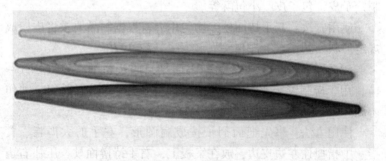

图 1 – 2　橄榄杖

　　使用方法：将剂子按成扁圆形，将橄榄杖放在上面，左手按住橄榄杖的左端，右手按住橄榄杖的右端，双手配合擀制。擀时，着力点要放在边上，右手用力推动，边擀边转（向同一方向转动），使皮子随之转动，并形成波浪纹的荷叶边形。

（5）通心槌。通心槌又称走槌，形似滚筒，中间空（图1-3），供手插入轴心，使用时来回滚搅拌罐车动。由于通心槌自身重量较大，擀皮时可以省力，是擀大块面团的必备工具，如用于大块油酥面团的起酥、卷形旋转喷水搅拌面点的制皮、碾压各种脆性原料等。

图1-3　通心槌

（6）花棍。花棍外形两头为手柄，中间有螺旋式的花纹（图1-4），是擀制面点平面花纹的主要工具。

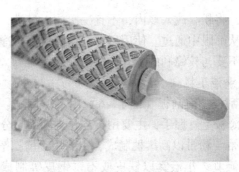

图1-4　花棍

以上几种面杖是面点制作中常用的工具，使用后，要将面杖擦净，放在固定处，并保持环境的干燥，避免其变形、发霉。

2. 粉筛

粉筛亦称箩，主要用于筛面粉、米粉以及擦豆沙等（图1－5）。粉筛由绢、铜丝、铁丝、不锈钢丝等不同材料制成，随用途、形状的不同，粉筛筛眼粗细不等。如擦豆沙、制黄松糕用的是粗眼筛，做粉类点心用的筛眼较细。绝大多数精细面点在调制面团前都应将粉料过箩，以确保产品质量。

图1－5　粉筛

使用时，将粉料放入箩内，不宜一次放入过满，双手左右摇晃，使粉料从筛眼中通过。使用后，将粉筛清洗干净，晒干后存放固定处，不要与较锋利的工具放置在一起。

3. 案上清洁工具

（1）面刮板。面刮板（图1－6）用不锈钢皮、铜皮、塑胶片等制成。薄板上有握手，主要用于刮粉、和面、分割面团。

（2）粉帚。粉帚以高粱穗制成，主要用于清扫案上粉料。

（3）小簸箕。小簸箕以铁皮或不锈钢皮等制成，主要用于扫粉、盛粉等。

图 1 - 6　面刮板

4. 炉灶上用的工具

（1）漏勺。用铁、不锈钢等制成，面上有很多均匀孔的带柄的手勺。根据用途不同有大、小 2 种，主要用于沥干食物中的油和水分，如捞面条、水饺、油酥点心等。

（2）网罩、笊篱。网罩、笊篱是用不锈钢或铁丝编成的凹形网罩，用于油炸食物沥油等。

（3）铁筷子。用两根细长铁棍制成。没炸食物时，用来翻动半成品和钳取成品，如炸油条、油饼等。

（4）铲子。用木板、不锈钢、铁片等制成，用以翻动、煎、烙食品，如馅饼、锅贴等。

5. 制馅、调料工具

（1）刀。刀分为方刀和片刀两种。主要用于切面条、剁菜馅等。

（2）砧板。砧板有多种规格、大小，是对原料进行刀工整理的衬垫工具，一般以白果树木材制的最好，一些组织坚密的木材也可制作，现在也有用合成材料制作的。砧板主要用于切制馅料等。

（3）盆。盆有瓷盆和不锈钢盆等，根据用途有多种规格，主要用于拌馅、盛放馅心等。

（4）蛋甩帚。用不锈钢制成，有大、中、小3种规格，主要用于抽打鸡蛋液等。

6. 成型工具

（1）模子。根据用途不同，模子（图1-7）规格大小不等，形状各异。模内刻有图案或字样，如蛋糕模等。

图1-7　模子

（2）印子。印子（图1-8）为木质材料制成，刻有各种形状，底部表面刻有各种花纹，图案及文字，坯料通过印模成型，可形成具有图案的、规格一致的精美点心食品。如定胜糕、月饼等。

（3）戳子。用铁、铜材料制成，大小规格各异，有多种图案，如桃、花、兔等。

（4）花镊子。一般用不锈钢或铜片制成，用于特殊形状面点的成型、切割等。

（5）小剪刀。制作花色品种时修剪图案。

图1-8 印子

（6）其他工具。面点师使用的小型工具多种多样，其中，一部分属于自己制作的，它们精巧细致，便于使用，如木梳、骨针、刻刀等。

7. 储物工具

（1）储米、面柜。以不锈钢为多，用于盛放大米、面粉等。

（2）发面缸、盆。多用不锈钢、陶瓷等制成，有多种规格，用于发酵面团等。

8. 着色、抹油工具

（1）色刷。多以牙刷为主，主要用于半成品或成品的着色。

（2）毛笔。用于面点品种的着色。

（3）排笔。用于面点品种的抹油。

9. 衡器

（1）台秤。主要用于原料的称量。

（2）电子秤。主要用于各种添加剂的称量。

10. 常用工具的保养

（1）编号登记，专人保管。面点厨房使用的工具种类繁多，为便于使用，应将工具放在固定的位置上，且进行编号登记，必要时，要有专人保管。

（2）刷洗干净，分类存放。笼屉、烤盆、各种模具以及铁、铜器工具，用后必须刷洗、擦拭干净，放在通风干燥的地方，以免生锈。另外，各种工具应分门别类存放，既方便取用，又避免损坏。

（3）定期消毒。案板、面杖及各种容器，用后要清洗干净，且每隔一定时间要彻底消毒1次。

（4）建立设备工具专用制度。面点厨房的设备工具要有专用制度，如案板不能兼作床铺或饭桌，屉布忌做抹布，各种盆、桶专用，不能兼作洗衣盆等。

二、常用设备的使用和保养

在面点制作中，各品种的最后完成，都必须通过使用不同的器具才能实现，而每一种器具，都有其不同的使用方法和技巧。设备、工具的使用方法和技巧，是面点制作技术中十分重要的技术，掌握各种设备、工具的使用技术，可以使面点制作更加规范化，从而提高产品质量，增加产品数量。

1. 蒸汽蒸煮灶

蒸汽蒸煮灶是目前厨房中广泛使用的一种加热设备。一般分为蒸箱和蒸汽压力锅两种。它们的特点是：炉口、炉膛和炉底通风口都很大，火力较旺，操作便利，既节省燃料又干净。

（1）蒸箱的使用。蒸箱是利用蒸汽传导热能，将食品直接蒸熟。它与传统煤火蒸笼加热方法比较，具有操作方便，使用安全，劳动强度低，清洁卫生，热效率高等特点。

使用方法：将生坯等原料摆屉后推入箱内，将箱门关闭，拧紧安全阀门，打开蒸汽阀门。根据熟制原料及成品质量的要求，通过蒸汽阀门调节蒸汽的大小。制品成熟后，先关闭蒸汽阀门，待箱内外压力一致时，打开箱门取出屉。蒸箱使用后，要将箱内外清洗打扫干净。

（2）蒸汽压力锅的使用。蒸汽压力锅（图1－9）是热蒸汽通入锅的夹层与锅内的水交换热能，使水沸腾，从而达到加热食品的目的。它克服了明火加热易改变食品色泽和风味，甚至焦化的缺点，在面点工艺中，常用来熬制糖浆、浓缩果酱及炒制豆沙馅、莲蓉馅和枣蓉馅等。

图1－9　蒸汽压力锅

使用方法：锅内倒入原料或生坯，将蒸汽阀门打开加热。根据制品的需要加水，待水沸腾蒸发。加热结束后，先将热蒸汽阀门关闭，搅动手轮或按开关将锅体倾斜，倒出锅内的水和残渣，将锅洗净，复位。

在使用蒸汽加热设备时应注意如下3项。

第一，进汽压力不超过使用加热设备的额定压力。

第二，不随意敲打、碰撞蒸汽管道。发现设备或管道有跑、冒、漏、滴现象要及时修理。

第三，经常清除设备和输汽管道的污垢和沉淀物，防止因堵塞而影响蒸汽传导。

2. 烘烤炉

（1）电热烘烤炉。电热烘烤炉是目前大部分饭店、宾馆面点厨房必备的一种设备。它主要用于烧烤各类中西糕点。常用的有单门式、双门式和多层式烘烤炉。电热烘烤炉的使用主要是通过定温、控温、定时等按键来控制，温度一般最高能达到300℃，可任意调节箱内上下温度，控制系统性能稳定。

使用方法：首先打开电源开关，根据品种要求，将控温表调至所需要的温度，当烘烤炉达到规定温度时，将摆好生坯的烤盘放入炉内，关闭炉门，将定时器调至所需烘烤时间，待品种成熟后取出，关闭电源。待烤盘凉透后，应将烘烤炉清洗干净晒干，摆放在固定处。

（2）燃烧烘烤炉。燃烧烘烤炉是以煤、煤气等作为燃料的一种加热设备。它通过调节火力的大小来控制炉温。在使用上和卫生保洁上与电热烘烤炉一样，但不如电热烘烤炉方便。

3. 炉灶

（1）煤气灶。煤气灶是使用煤气、液化气、天然气等可燃气体为燃料的炉灶。由灶面、炉圈、燃烧气、输气管道、控制阀及储气罐等组成。灶体结构为不锈钢制成。煤气灶的点火可采用引火棒、电子引燃器等。控制阀可调节，以控制火力大小及熄火。煤气灶可随用随燃，易于控制，清洁卫生。

（2）燃油灶。燃油灶是以油为燃料的燃烧炉灶，其优点和性能结构与煤气灶相似，但就经营成本来说，更优于煤气灶。不过它也存在一定的缺陷，如燃烧时噪声较大，并且点火没有煤气灶方便自如。使用燃油灶需要操作人员具有一定的操作水平，掌握操作规律。

4. 锅

（1）双耳锅。双耳锅属于炒锅类，大小规格不等，分为手工打制和机械加工两种，前者比较厚实，较重，经久耐用，一般火烧不易变形，主要用于炒制馅心、炒面、炒饭或氽炸面点。机械加工类炒锅，锅身光洁度高、厚薄均匀、锅身轻、传热快，但耐用性没有手工打制的锅长。

（2）平底锅。平底锅又称为平锅，沿口较高，锅底平坦，一般适用煎锅贴、生煎馒头，烙制各种饼类等面点。

（3）不粘锅。不粘锅是由一种合成材料涂于金属锅表面制成，大小规格不等，圆形、深沿、平底、带柄。特点是煎制或烙制食物受热均匀，不粘底，但在使用过程中，不能用金属铲翻动锅内食物，而应用木铲翻动，防止不粘层被破坏而影响锅的使用效果。

（4）电蒸锅。电蒸锅（图1–10）是利用电能来蒸制食品的

图1–10　电蒸锅

器具，锅内的水通过电加热产生蒸汽使点心成熟。电蒸锅由不锈钢材料制成，外表成圆形，上面有3个圆形的孔洞是放笼屉蒸制用的。电蒸锅传热较快、蒸汽足，有高、中、低3挡开关调节蒸

汽的大小，使用方便，清洁卫生。

5. 加工机械

（1）和面机。和面机（图1-11）又称拌粉机，主要用于拌和各种粉料，它是利用机械运动将粉料和水或其他配料拌和成面坯。形式有铁斗式、滚筒式、缸盆式等。它主要由电动机、传动装置、面箱搅拌器和控制开关等部件组成，工作效率比手工操作高5~10倍。

图1-11　和面机

使用方法：使用时应先清洗料缸，再把所需拌和的面粉投入缸内，然后启动电动机，在机器运转中把适量的水一次性徐徐加入缸内，一般需要4~8分钟的时间，即可成面团。注意必须在机器停止运转后方可取出面团。

和面后应将面缸、搅拌器等部件清洗干净。

（2）多功能搅拌机。多功能搅拌机是综合打蛋、和面、拌馅、绞肉等功能为一体的食品加工机械。主要用于制作蛋糕（搅拌蛋液），是面点制作工艺中常用的一种机械。它由电动机、传动装置、搅拌器和蛋桶等部件组成，利用搅拌器的机械运动将蛋液打起泡，工作效率较高。

使用方法：将蛋液倒入蛋桶内，加入其他辅料，将蛋桶固定在打蛋机上。启动开关，根据要求调节搅拌器的转速，蛋液抽打达到要求后关闭开关，将蛋桶取下，将蛋液倒入其他容器内。

使用后要将蛋桶、搅拌器等部件清洗干净，存放于固定处。

（3）多功能粉碎机。多功能粉碎机主要用于粳米、糯米等粉料的加工，分为人工和电动两种。它是利用传动装置带动石磨或以钢铁制成的磨盘转动，将大米或糯米等磨成粉料的一种机具。多功能粉碎机的效率高，磨出的粉质细，以水磨粉为最佳。

使用方法：启动开关，将水与米同时倒入孔内，边下米边倒水，将磨出的粉浆倒入专用的布袋内。

使用后须将机器的各个部件及周围环境清理干净。

（4）轧面机。轧面机（图1－12）是用以压制片状面制品的面食机具。一般由滚筒、切面刀的传动机构及滚筒间隙的调整机构组成。采用圆柱滚压的成型原理。

图1－12　轧面机

使用方法：先启动电动机，待机器运转正常后，将和好的面放入，经压面滚筒反复挤压即成面皮，可压制面片、馄饨皮等。切面刀可分为粗细不同齿牙，牙数越多，轧出的面条越细。

（5）磨浆机。磨浆机是豆类、谷类的湿粉碎机。磨浆机可分为铁磨盘和砂轮盘两种，具有省力、维修简单等特点。

（6）绞肉机。绞肉机（图1-13）又称绞馅机，主要用于绞制肉馅，分为电动和手动两种类型。电动绞肉机由机架、传动部件、绞轴、绞刀和孔格栅组成。

图1-13 绞肉机

使用方法：使用时要先将肉去皮去骨分割成小块，用专用的木棒或塑料棒将肉送入机筒内，随绞随放。肉馅的粗细，可根据要求调换刀具。

绞肉机使用后及时将各部件拆下内外清洗干净，以避免刀具生锈。

（7）馒头机。馒头机又称面坯分割器，分为半自动和全自动两种，速度快，效率高。

　　使用方法：将面坯自加料斗降落入螺旋输送器，由螺旋输送器将面坯向前推进，直至出料口，出料口装有一个钢丝切割器，把面坯切下落在传送带上。馒头坯质量可通过使用调节手柄进行控制。

　　6. 案台

　　案台是面点制作中必备的设备，在面点制作中，绝大部分操作步骤都是在案台上来完成的。案台的使用和保养直接关系到面点制作能否顺利进行。案台多由木质、大理石和不锈钢等制成，其中，以木质案台使用最多（图1-14）。

图1-14　案台

　　（1）案台的使用。木质案台大多用厚6cm以上的木板制成，以枣木制的最好，其次为柳木制的。案台要求结实牢固，表面平整，光滑无缝。在使用时，要尽量避免用其他工具碰撞，切忌当砧板使用，不能在案台上用刀切、剁原料。大理石案台多用于较为特殊的面点制作，它比木质案台平整光滑，一些油性较大的面坯适合在此类案台上进行操作。不锈钢案台主要是制作西式面点用。

　　（2）案台的保养。案台使用后，一定要进行清洗。一般情况下，要先将案台上的粉料清扫干净，再用水刷洗或用湿布将案台擦净即可。如案台上有较难清除的黏着物，切忌用刀用力铲，

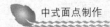

最好用水将其泡软后，再用面刮板将其铲掉。案台出现裂缝或坑洼时，需及时修补，避免积存污垢而不易清洗。

三、常用加工机械、易燃易爆品的安全使用

1. 常用加工机械安全使用

（1）定期加油润滑，减少机械磨损。如轧面机、和面机等要按时检查、加油。

（2）电动机应置于干燥处，防止潮湿短路。机器开动时间不宜过长，长时间工作时应有一定的停机冷却时间。

（3）机器不用时，应用布盖好，防止杂物和脏东西进入机器内部。

（4）机器使用前，应先检查各部位是否完好、正常，确认正常后，再开机操作。

（5）检修机器时，刀片、齿牙等小部件要小心拆卸、安装，拆下的或暂时不用的零件要妥善保存，避免丢失、损坏。

2. 易燃易爆品的安全使用

（1）易燃易爆品必须了解其原理后，方可使用。在使用时一定要严格遵守操作程序，远离明火。

（2）易燃易爆品一定要储存在固定处，并由专人负责。易燃易爆品要在容器明显位置注明其名称和性质。需避光存放的物品，要将其放入染色容器或指定容器内，放于阴凉避光处。使用时，要有登记制度并写清用途、使用范围等。

第四节　中式面点工作的相关法律

一、劳动法

为了保护劳动者的合法权益，调动劳动关系，建立和维护适

应社会主义市场经济的劳动制度，促进经济发展和社会进步，根据宪法的有关规定，《中华人民共和国劳动法》于 1994 年 7 月 5 日第八届全国人民代表大会常务委员会第八次会议通过，自 1995 年 1 月 1 日起施行。该法对劳动合同、工作时间和休息休假、工资待遇、劳动安全卫生、女职工和未成年工特殊保护等进行了全面的规定。如工作时间不应超过 8 小时/日，平均每周工作时间不超过 44 小时。保证每周至少休息 1 天。规定实现按劳分配、同工同酬，单位自主确定工资分配方式和工资水平，国家实现最低工资制度。规定用人单位应有健全的劳动安全卫生制度，劳动安全设施符合国家标准，提供符合国家劳动安全卫生要求的劳动环境和必要的防护用品，定期进行健康检查，特种作业要有特种作业资格，劳动者要遵守劳动安全卫生操作规程，国家建立伤亡事故和职业病统计报告和处理制度。规定对已满 16 周岁未满 18 周岁的未成年人和女职工进行保护，限制其工作内容，对女职工规定有 90 天的产假和定期体检。规定建立社会保险制度。

二、劳动合同法

《中华人民共和国劳动合同法》由第十届全国人民代表大会常务委员会第二十八次会议于 2007 年 6 月 29 日修订通过，自 2008 年 1 月 1 日起施行。该法充分考虑了我国劳动关系双方的情况，针对"强资本、弱劳工"的现实，侧重于对劳动者权益的保护，使劳动者能够与用人单位的地位达到一个相对平衡的水平，以期通过权利和义务的相对性，构建和发展和谐稳定的劳动关系。

此法共有八章，涉及劳动合同的订立、劳动合同的履行和变更、劳动合同的终止和解除等内容，对书面形式的劳动合同、签订合同是否收取押金、试用期、劳动合同必备条款、违约金等进

行规范。如对于用人单位违法收取押金的行为，由劳动行政部门责令其限期退还劳动者本人，并以每人500元以上2 000元以下的标准处以罚款，给劳动者造成损害的，应当承担赔偿责任等。

三、食品安全法

《中华人民共和国食品安全法》是为保证食品安全，保障公众身体健康和生命安全制定，由全国人民代表大会常务委员会于2009年2月28日发布，自2009年6月1日起施行。现行版本为2015年4月24日修订，分别从总则、食品安全风险监测和评估、食品安全标准、食品生产经营、食品检验、食品进出口、食品安全事故处置、监督管理、法律责任、附则等10章内容对食品安全问题做了具体规定。如食品生产经营者应当依照法律、法规和食品安全标准从事生产经营活动，保证食品安全（图1－15），诚信自律，对社会和公众负责，接受社会监督，承担社会责任。

图1－15　保证食品安全

四、消费者权益保护法

《中华人民共和国消费者权益保护法》是维护全体公民消费权益的法律规范的总称，是为了保护消费者的合法权益，维护社会经济秩序稳定，促进社会主义市场经济健康发展而制定的一部法律。

1993 年 10 月 31 日八届全国人大常委会第 4 次会议通过，自 1994 年 1 月 1 日起施行，经 2009 年、2013 年和 2014 年 3 次修正。现行版本为 2014 年 3 月 15 日修订的，简称"新消法"，分别从总则、消费者的权利、经营者的义务、国家对消费者合法权益的保护、消费者组织、争议的解决、法律责任、附则等 8 章内容对消费者权益方面做了具体规定。如消费者有权自主选择提供商品或者服务的经营者，自主选择商品品种或者服务方式，自主决定购买或者不购买任何一种商品、接受或者不接受任何一项服务。消费者在自主选择商品或者服务时，有权进行比较、鉴别和挑选。

五、产品质量法

《中华人民共和国产品质量法》是为了加强对产品质量的监督管理，提高产品质量水平，明确产品质量责任，保护消费者的合法权益，维护社会经济秩序而制定的。于 1993 年 2 月 22 日第七届全国人民代表大会常务委员会第三十次会议通过，自 1993 年 9 月 1 日起施行。现行版本为 2000 年 7 月 8 日修订，分别从总则、产品质量的监督、生产者、销售者的产品质量责任和义务、损害赔偿、罚则、附则 6 章内容对产品质量做了具体规定。如禁止在生产、销售的产品中掺杂、掺假，以假充真，以次充好。

第二章 中式面点的基础知识

第一节 饮食营养知识

一、人体所需的营养素

（一）营养素的定义

营养素是指食物中所含的，能保障人体生长发育，维持生理功能，供给人体所需热能的物质。

（二）主要营养素

通常把蛋白质、脂肪、糖类、维生素、矿物质、水称为人体所需的六大主要营养素，也是人类生命活动的物质基础。

（三）营养素的主要来源

蛋白质主要来源于动物性食品（如乳类、鱼类、蛋类、家禽、瘦肉等）和植物性食品（如大豆以及米、麦等）。脂肪的主要来源是动、植物油脂和硬果等。糖类的主要来源是五谷、块根类和块茎类蔬菜及豆类。维生素的主要来源是蔬菜、水果、乳、蛋、肝和鱼肝油等。矿物质的主要来源是蔬菜、水果、乳类、肉类等。

二、烹饪原料的营养价值

烹饪原料是指能供给人们营养素、维持身体机能，提供烹饪使用的食物。从分类来看，烹饪原料包括植物性原料、动物性原料以及其他加工原料。

（一）植物性原料的营养价值

1. 谷类原料的营养价值

（1）谷类的结构。谷皮、糊粉层、胚芽。

（2）谷类食品的营养特点。

①碳水化合物：含量70%~80%主要是淀粉，还有较多葡萄糖、果糖和膳食纤维。

②蛋白质：半完全蛋白质，赖氨酸少。

③脂肪：含量1%~2%，小麦和玉米含有大量油脂。

④维生素：B族，特别是维生素 B_1。

⑤矿物质：有丰富的钙、磷，铁少。粉条、粉皮、凉粉制作时蛋白质被弃去，主要含碳水化合物。

（3）谷类加工影响。

①淘米损失：维生素 B_1 30%~60%，维生素 B_2、B_3 20%，矿物质70%。

②制作一般面食：蛋白质和矿物质不会损失，但在煮面条时，可有30%~40%的维生素溶入汤中。

③烘烤面包：在烘烤过程中赖氨酸会消失。

④避免过度过精的加工。

2. 豆类原料的营养价值

（1）豆类分类。

高蛋白质类：黄豆、黑豆、青豆。

高碳水化合物类：豌豆、绿豆、红豆、蚕豆、芸豆。

（2）豆类营养特点。

①蛋白质：蛋白质含量30%~40%，是谷类的5倍；氨基酸的组成与比例都符合人体；优质蛋白；富含赖氨酸——与谷类蛋白质互补。

②脂类：大豆类含15%~20%；大豆类富含不饱和脂肪酸

（85%），其中亚油酸占 55%；大豆类含较多的磷脂 1.64%；大豆是防治冠心病、高血压、动脉粥样硬化的理想食品。

③碳水化合物：大豆类含量在 30% ~ 40%；大豆类碳水化合物几乎完全不含淀粉或含量极微，多为纤维素和可溶性糖，在体内较难消化。其中，有些在大肠内成为细菌的营养素来源。细菌在肠道内生长繁殖过程中能产生过多的气体（二氧化碳和氨）而引起肠胀气。

④维生素：豆类含有胡萝卜素，维生素 B_1、B_2、B_3、维生素 E 等；种皮颜色较高的豆类中胡萝卜素含量较高；大豆发芽后维生素 C 的含量大大提高。

⑤矿物质：豆类中含矿物质包括：钾、钠、钙、镁、铁、锌、硒等；大豆类中矿物质含量较高在 4% 左右，其中，铁含量较多，每 100g 中含量可达 7 ~ 8mg，黄豆中膳食纤维含量最高。

（3）杂豆类营养特点。

蛋白质含量：15% ~ 25%；脂肪含量：1% ~ 2%；碳水化合物含量 55% ~ 65%，其中，一半以上是淀粉，也可作为人体的热能来源，B 族维生素较丰富，钙铁较多，但吸收率不高。

3. 蔬菜水果的营养价值

（1）蔬菜水果分类。

①蔬菜：根菜、茎菜、叶菜、果菜、花菜、菌类。

②水果：鲜果、干果、坚果。

（2）蔬菜的营养价值。蛋白质含量低 1% ~ 2%，脂肪含量 <1%，碳水化合物 2% ~ 4%，膳食纤维 1.5% 左右；是胡萝卜素、维生素 B_2、维生素 C 等诸多维生素的良好来源；矿物质含量在 1% 左右，是膳食矿物质主要来源。

（3）水果的营养价值。

①鲜果的水分含量较高，营养素含量相对较低，其中，蛋白质、脂肪含量一般不超过 1%。

②碳水化合物含量从 5% ~ 30%，主要以双糖或单糖形式存在。

③维生素 C 含量高：鲜枣、草莓、橙、柑等。

④胡萝卜素含量高：芒果、黄桃、黄杏。

⑤其中鲜枣和干枣中铁的含量丰富。

⑥白果（银杏）中硒的含量较高。

⑦干果为了便于存储和运送。

（4）蔬菜水果保持营养的生活常识。

①蔬菜应现烧现吃，不宜长期存放。

②能生吃的蔬菜尽量生吃，或烫洗后加醋调拌食用。

③蔬菜中的芹菜、莴苣等在加工过程中，不要将叶丢弃，芹菜叶和莴苣叶中蛋白质、膳食纤维、维生素和无机盐的含量均高于茎部。

④如需烫熟，应整洗整烫后再切，烫时要水宽火大，时间短。

⑤含草酸较多的菠菜、茭白、竹笋、空心菜、红苋菜等，通过焯水可减少60%的草酸。

（二）动物性原料的营养价值

1. 畜类

畜肉包括猪肉、牛肉、羊肉和兔肉等。能提供丰富的优质蛋白质、脂肪、无机盐和维生素，加工后味道鲜美，易消化吸收，因含血红素较多，呈暗红色，故又称"红肉"。

2. 禽类

禽肉，包括鸡肉、鸭肉和鹅肉等。又称"白肉"，蛋白质高达20%，脂肪含量相对少，而且肉质鲜嫩多汁，含氮浸出物多，是其味道鲜美的主要原因。

其营养成分主要存在于肌肉中，骨骼肌中除去水分（约含75%）之外，基本上就是蛋白质、其含量达20%左右，其他成分（包括脂肪、碳水化合物、无机盐等）约占5%；鸡肉蛋白质的含量在 20% ~25%，鸭肉为 13% ~17%，鹅肉为 11%。其中，禽类脂肪、维生素营养价值较畜类高。

3. 水产类

鱼类的营养成分因鱼的种类、年龄、大小、肥瘦程度、捕捞季节、生产地区以及取样部位的不同而有所差异。鱼肉的固形物中蛋白质为主要成分，占 15% ~20%；脂肪含量较低，但其中不饱和脂肪酸较多；鱼肉还含有维生素、矿物质等成分，特别是海产咸水鱼含有一定量的碘盐和钾盐等。鱼的肝脏含有丰富的维生素 A 和 D 是做鱼肝油的原料，对人体健康有重要意义。鱼类还含有一定的牛磺酸，对胎儿和新生儿的大脑、眼睛正常发育，维持成人血压，降低胆固醇，防止视力衰退等有重要作用。虾蟹类蛋白质含量占 5% ~20%，脂肪含量也较低，但钙、铁含量丰富。尤其是虾皮中钙的含量特别高，可达体重的 2%。

4. 蛋类

（1）蛋白质。蛋白质是各类食物中生物价值最高的，各种氨基酸比例合理，符合人体需要，属于最理想的优质蛋白质。蛋黄的营养价值高于蛋清。

（2）脂肪。全蛋一般含脂肪为 10% 左右，主要集中在蛋黄，脂肪分散成细小的微粒，故易消化吸收，其中，不饱和脂肪酸比例较高，还有一定量的卵磷脂和胆固醇。

（3）碳水化合物。蛋类含糖较少，蛋清中主要含半乳糖和甘露糖；蛋黄中主要含葡萄糖，多以蛋白质的形式存在。

（4）维生素和矿物质。蛋黄中含维生素 A、硫胺素和维生素 D，含 1% 左右的矿物质，主要为钙、磷、铁，蛋黄中含铁高，是婴幼儿及缺性分血患者的营养基础。

5. 乳制品类

奶类是一种营养丰富，容易消化吸收，食用价值很高的食物；不仅含有蛋白质和脂肪，而且含有乳糖、维生素和无机盐等，牛奶是人类最普遍食用的奶类。

（三）其他加工原料的营养价值

1. 调味品的定义

调味品是指能增加菜肴的色、香、味，促进食欲，有益于人体健康的辅助食品。它的主要功能是增进菜品质量，满足消费者的感官需要，从而刺激食欲，增进人体健康。

2. 调味品的分类

（1）按调味品来源分类。

天然调味品：辣椒、生姜、八角、茴香、花椒、芥末等。

加工调味品：食盐、酱油、醋、味精、糖、料酒等。

（2）按调味品商品性质分类。

①酿造类调味品：主要包括酱油、食醋、酱、豆豉、豆腐乳。

②腌菜类调味品：主要包括冬菜、梅干菜、腌雪里蕻、泡姜、泡辣椒。

③鲜菜类调味品：主要包括葱、蒜、姜、辣椒、芫荽、辣根、香椿等。

④干货类调味品：主要包括胡椒、花椒、干辣椒、八角、小茴香、芥末、桂皮、姜片、姜粉、草果等。

⑤水产类调味品：主要包括水珍、鱼露、虾米、虾皮、虾籽、虾酱、虾油、蚝油、蟹制品、淡菜、紫菜等。

⑥其他类调味品：主要包括食盐、味精、糖、黄酒等。

（3）按调味品成品形状分类。

①酱品类：沙茶酱、豉椒酱、酸梅酱、XO酱等。

②酱油类：生抽王、鲜虾油、豉油皇、草菇老抽等。

③汁水类：烧烤汁、卤水汁、喼汁、OK汁等。

④味粉类：胡椒粉、沙姜粉、大蒜粉、鸡粉等。

⑤固体类：砂糖、食盐、味精、豆豉。

（4）按调味品呈味觉分类。

①咸味调味品：食盐、酱油、豆豉等。

②甜味调味品：蔗糖、蜂蜜、饴糖等。

③苦味调味品：陈皮、茶叶汁、苦杏仁等。

④辣味调味品：辣椒、胡椒、芥末等。

⑤酸味调味品：食醋、茄汁、山楂酱等。

⑥鲜味调味品：味精、鸡精、虾油、鱼露、蚝油等。

⑦香味调味品：花椒、八角、料酒、葱、蒜等。

⑧复合味的调味品：如油咖喱、甜面酱、乳腐汁、花椒盐等。

（5）其他分类。

①按地方风味分：有广式调料、川式调料、港式调料、西式调料等。

②按烹制用途分：有冷菜专用调料、烧烤调料、油炸调料、清蒸调料等。

③特色品种调料：如涮羊肉调料；火锅调料、糟货调料。

3. 调味品的作用

能除去烹调主料的腥臊异味；突出菜点的口味；改变菜点的外观形态；增加菜点的色泽；并以此促进人的食欲，杀菌消毒，促进消化。

4. 食用油脂的营养价值

（1）定义。食用油也称为"食油"，是指在制作食品过程中使用的，动物或者植物油脂。常温下为液态。是膳食的重要组成部分，也是热能的重要来源，可供给人体一些必需脂肪酸，脂溶性维生素。由于原料来源、加工工艺以及品质等原因，常见的食用油多为植物油脂。

（2）营养价值。食用油脂除了能够提供热量外，在各种油脂中都含有一定量的不饱和脂肪酸，以植物油（除椰油外）最为丰富。还含有许多维生素，特别是维生素 E，维生素 B_2 和胡萝卜素等。鱼油中含多不饱和脂肪酸，而多数动物脂中主要提供饱和脂肪酸，因而溶点高，不易消化吸收。动物脂中含有一定量的胆固醇，食用时要注意，一般认为植物油比动物脂营养价值高。

第二节　饮食卫生知识

一、食品卫生的基本要求

食品卫生是研究食品的卫生质量，防止食品中出现有害因素影响人体健康的科学。人体必需的各种营养素是通过摄取食品而获得的，如果食品中存在有害因素，则会影响人体健康，甚至引起中毒以至癌症、畸形和遗传的突变。

对食品的基本卫生要求是食品应具有良好的感官性状（包括色、香、味、形），符合人们长期摄食而形成的概念；应具有本身所应有的营养价值，以满足人体对营养素的需要；在正常摄食条件下，食品不应对健康人带来任何不利的影响，即应是无毒、无害的。

二、食品污染

食品污染是指危害人体健康的有害物质进入正常食物的过程。污染食品的有害物质，按其性质可分为生物性污染、化学性污染和放射性污染三大类。

（1）生物性污染。生物性污染主要是指生物引起的食品污染，它包括下列内容。

①有害微生物造成的食品污染：有害微生物包括：真菌（如黄曲霉、寄生曲霉等）、细菌（如沙门氏菌、金黄色葡萄球菌等）和病毒（如贝类所携带的甲肝病毒等）。微生物污染食品

后，在适宜条件下大量生长繁殖，引起食品腐败、霉烂和变质，使食品失去食用价值。在这一过程中，某些细菌或真菌还可能产生各种危害健康的毒素，使人、畜发生急性或慢性中毒。

②寄生虫及虫卵造成的食品污染：如猪囊尾蚴（俗称米猪肉）、旋毛虫等造成的食品污染。主要的污染途径是病人、病畜的粪便通过水源或土壤，再污染食品，或者直接污染食品。

③昆虫造成的食品污染：当食品和粮食储存的卫生条件不良，缺少防蝇、防虫设备时，很容易招致昆虫产卵，孳生各种害虫，如蝇、蛆、粮食中的甲虫类、蛾类等，从而造成食品污染。

④动、植物中含有某种毒物：如河豚鱼的河豚毒素、青皮红肉鱼中的组胺等。

（2）化学性污染。化学性污染主要是指由化学物质造成的食品污染。它包括以下几类。

①重金属：如汞、镉、铅等造成的食品污染。

②农药、化肥：如有机磷、六六六、DDT 等造成的食品污染。

③饲料添加剂和兽药：如抗生素、动物激素等造成的污染。

④在食品加工、包装过程中，一些化学物质：如陶瓷中的铅、包装蜡纸上的苯并芘、彩色油墨和印刷纸张中的多氯联苯等造成的污染。

三、个人卫生要求

中式面点师要养成良好的个人卫生习惯，严格遵守卫生制度和要求。具体要做到以下几点：

（1）必须穿清洁的工作服，戴工作帽和围裙。上厕所或不工作时要脱下工作服，摘下工作帽。

（2）保持双手清洁。工作前，上厕所后，处理生肉、蔬菜或废弃物后必须洗手。

（3）勤洗澡理发，不留长发，不留长指甲，要经常保持自己的身体、头发、脸面的清洁。

（4）在烹调操作时，应用小匙或汤匙试口味，禁止用手接触做好的食品。

（5）工作时不戴戒指等珠宝饰物，不把私人用品带入操作间。

（6）进厨房不抽烟，不随地吐痰、擤鼻涕，不对着食品咳嗽、打喷嚏。

（7）每年进行体检，合格后才可上岗。

四、食具卫生

餐具消毒是把好"病从口入"关的重要环节，因此，餐具必须每日消毒。餐具的消毒要做到"一刷、二洗、三清、四消毒"。

一刷：刷掉餐具中的食物残渣。

二洗：用45～50℃的温水或洗涤剂洗掉油污。

三清：用清水洗掉餐具上的余污和洗涤剂，然后将餐具放在餐具架上控干水待消毒。

四消毒：对经以上程序处理的餐具做消毒处理。常用的食具消毒方法有：

（1）煮沸消毒法。先将碗筷等餐具用温水洗净后放入干净的铁筐内，煮沸15～30分钟，然后将筐提起，把碗放入清洁的碗柜里保存。

（2）蒸汽消毒法。与煮沸消毒法相似。

（3）高锰酸钾溶液消毒法。此法限于消毒玻璃器皿和不耐热的用具。将洗净的餐具放入质量分数1‰的高锰酸钾溶液中15～30分钟，当紫红色的溶液变浅时，即达到消毒目的。

（4）漂白粉溶液消毒法。用质量分数1‰的洗净溶液浸泡洗净的餐具10～15分钟即可。

消毒后的餐具应达到光、洁、涩、干的标准。

五、食品卫生"五四"制

"五四"制是饮食企业多年工作中形成的一套行之有效的卫生管理制度。其主要内容包括。

（1）原料到成品实行"四不制度"。采购员不买腐烂变质的原料，保管验收员不收腐烂变质的原料，加工人员（厨师）不用腐烂变质的原料，营业员（服务员）不卖腐烂变质的食品。

（2）成品（食物）存放实行"四隔离"。即生与熟隔离，成品与半成品隔离，食品与杂物、药物隔离，食品与天然冰隔离。

（3）用（食）具实行"四过关"。一洗、二刷、三冲、四消毒（蒸汽或开水）。

（4）环境卫生采取"四定"办法。定人、定物、定时间、定质量，划片分工，包干负责。

（5）个人卫生做到"四勤"。勤洗手剪指甲，勤洗澡理发，勤洗衣服被褥，勤换工作服。

第三节　中式面点常用原料

一、主坯原料

面点的主要原料就是面点的皮坯原料，是指用于调制面团或直接制作面点的原料，主要有面粉、米及杂粮类等。

（一）面粉类

面粉是由小麦经过加工碾磨而成的粉料，它是制作面点的主要原料之一。

1. 面粉的主要成分

（1）蛋白质。面粉中的蛋白质，其重要性不仅在于决定其营养价值，而且还是构成面团特性的主要成分。面粉中的蛋白质主要含有麦清蛋白、麦球蛋白、麦胶蛋白、麦谷蛋白，其中，麦胶蛋白和麦谷蛋白被称为面筋蛋白，它们是构成面筋的主要成分。

（2）碳水化合物。面粉中的碳水化合物主要包括淀粉、可溶性糖和纤维素等。它们在面点制作中起着非常重要的作用，一是在一定的温度环境下淀粉吸水发生糊化反应产生黏性，有利于面团的形成，增加面团的可塑性；二是在调制膨松面团时淀粉通过水解可以向酵母提供营养，促进面团发酵。

2. 面粉的种类

目前，我国面粉生产主要有高筋，中筋，低筋面粉，近年开始有专用面粉，如馒头，蛋糕，面包等专用粉。

（1）高筋粉。高筋粉是指面筋蛋白质含量较高的面粉，一般含量要超过面粉的26%。高筋粉多用于各式面包的制作。

（2）中筋粉。中筋粉是指面筋蛋白质含量介于高筋粉与低筋粉之间的一类面粉，其面筋蛋白的含量在22%~26%。它是面点制作中用途最广的面粉，适合于制作馒头、包子、花卷、肉馅饼、水果蛋糕等。

（3）低筋粉。低筋粉是指面筋蛋白质含量较低的面粉，通常其面筋蛋白的含量在22%左右。它适合于制作各式蛋糕、混酥类点心等。

（二）米类

米类也是制作面点皮坯的原料之一，常用的米类主要有3种：籼米、粳米和糯米等。

（1）籼米。籼米的淀粉主要是直链淀粉，其色泽灰白、半透明、硬度适中。它涨发性好但黏性差，适合制作各种发酵米类面点，也可煮粥。

（2）粳米。粳米含有一定的直链淀粉和支链淀粉，其色泽透明或半透明，米粒呈短圆或椭圆形。它适合制作各种粥、年糕和米饭等。

（3）糯米。糯米的淀粉主要是支链淀粉，其色泽乳白、不透明，米粒呈椭圆形或松针状。它黏性强但涨发性差，适合制作各种糕团类面点和汤圆等。

（三）杂粮类

杂粮也是制作面点皮坯的原料之一。它主要包括谷类、薯类、豆类等。

（1）谷类。面点常用的谷类杂粮有玉米、高粱、小米、荞麦等。将它们磨成粉后，加水和成面团或与其他粉料混合调成面团来制作面点。如荞面发糕、窝窝头、玉米煎饼等。

（2）薯类。面点常用的薯类杂粮主要有马铃薯、甘薯等。将薯类原料蒸熟去皮后压成泥状，再加入适量的其他粉料混合拌匀而成团来制作各式面点。如酥皮苔梨、三鲜土豆饼、山药蛋等。

（3）豆类。面点常用的豆类杂粮主要有大豆、赤豆、绿豆、豌豆等。用它们来制作面点小吃一般有两种方法。一种是将豆煮至软烂后去皮研成泥再制作成面点，如豌豆黄等；另一种是将豆磨成粉掺和其他粉料来制作面点，如赤豆糕、绿豆糕等。

二、馅心原料

馅心原料是面点制作中重要的组成部分。通过馅料的变化，可以丰富面点的口味和增加面点的营养价值。制馅用料主要包括植物原料、动物原料和调味及辅助原料三类。

（一）植物原料

1. 叶菜类原料

叶菜类原料指有肥嫩的菜叶及叶柄的蔬菜。叶菜类蔬菜生长期短，适应性强，一年四季都有供应。面点制作中常用的叶菜类蔬菜有：小白菜、菠菜、芹菜、韭菜、韭黄等。

2. 根茎类原料

根茎类原料指有肥大根部和变态茎的蔬菜。这一类蔬菜富含糖类和蛋白质，含水量少，便于储存。面点制作中常用的根茎类蔬菜有：红薯、马铃薯、芋头和萝卜等。

3. 花果菜类原料

花果菜类原料指以果实、种子和植物的花蕾供食用的蔬菜。在面点制作中常用的花果菜类蔬菜有：南瓜、黄瓜、黄花菜、蜜饯、果脯等。

（二）动物原料

1. 家畜原料

家畜的种类很多，但在面点中常用的主要有猪、牛、羊 3 种家畜的肉。

（1）猪肉。猪肉是面点馅心制作中运用最广泛的一种动物性原料，主要运用猪肉和猪皮部分。猪腿肉用来制作各种咸味馅心，如锅贴、红油水饺等小吃的馅心就是用猪腿肉来制作的。猪皮用来制成皮冻拌在馅心中，使馅心汁多而鲜嫩，如小笼汤包等。

（2）牛肉。我国目前供屠宰食用的牛，一般有黄牛、水牛、牦牛等。从品质上看以黄牛肉最好。从面点制作上看应选用纤维短、筋膜少、鲜嫩无异味的牛肉。

（3）羊肉。羊在我国很多地方都有养殖，尤其是在内蒙古、新疆、西藏、陕西等地区，羊的养殖业很发达。可供宰杀食用的羊有绵羊、山羊。从品质上看以绵羊的肉较好，肉质鲜嫩，腥膻味较淡。羊肉在面点中多用于制馅心或是面臊。选择时应选用结缔组织少、鲜嫩无异味的羊肉。

2. 家禽

家禽肉富含人体所必需的多种营养物质，动物性蛋白、脂肪、维生素和矿物质的含量都很高，是重要的肉类原料。面点常用的是鸡、鸭、鹅等家禽的肉。

（1）鸡肉。鸡肉中蛋白质含量较高，肌间脂肪较多，肉质柔软细嫩，鲜香醇美。鸡肉选用，有公鸡肉和母鸡肉之分，面点制作中常用母鸡的鸡脯肉来制作馅心。

（2）鸭肉。鸭肉的肉质比鸡肉稍差，带有腥味，但鸭肉脂肪含量多，口感比鸡肉更滋润肥美。面点制作中常用鸭脯肉来制作馅心。

（3）鹅肉。鹅肉质地较粗，并带有腥膻味，且不易消化，面点制作中用得不多。

3. 水产原料

在我国水产品资源丰富，品种多，产量大，是面点制作中馅心的重要原料。面点常用的水产品有鱼类、虾类和蟹类等。

（1）鱼类。鱼肉营养丰富、味道鲜美且容易消化，是制作馅心及面膜的重要原料之一。在原料选用上应选肉厚、刺少、新鲜的鱼肉。常用的鱼类有鲮鱼、草鱼、鳝鱼等。

（2）虾类。虾肉肉质细嫩、滋味鲜美，可以制作各种咸味馅心。在原料选用上一般选用新鲜有弹性的鲜活原料，如青虾、白虾、基围虾等。

（3）蟹类。蟹肉鲜美细嫩，蟹黄色泽鲜艳，味道醇香，是面点制馅的重要原料之一，但一定要用鲜活的原料，以防中毒。常用的蟹类主要有海蟹、河蟹等。

三、调味及辅助原料

1. 调料

调味原料在面点制作中，除了用于馅心的调味外，有时也可以直接用于面团的调制，以改变面团的性质。

（1）精盐。精盐是面点制作中不可缺少的调味原料之一，它除了用于馅心的调味外，在面团调制时加入少许精盐，可以增强面团的筋力，还有调节面团发酵速度的作用。

（2）糖。糖是面点制作中重要的辅助原料之一。它既是一种甜味原料，同时也可改善面团的工艺性能。在调制面团时加入适量的糖，能起到改进面团的组织，降低面筋的形成的作用，还可以调节面团的发酵速度。面点中多用白糖、红糖和饴糖。

（3）酱油。酱油用途广泛，在调制馅心时使用酱油可增加鲜味和香味，还可调节馅心颜色。

2. 辅助原料

（1）植物油。面点常用的植物油有菜油、花生油、精炼油等。主要用于炸制面点制品和馅心的调制。

（2）动物油。面点常用的动物油主要是猪油和黄油，主要用于馅心的调制和一些面团的调制，如油酥面团等。

（3）蛋品。蛋品在面点制作中用途广泛，是重要的辅助原料之一。蛋品具有改进面团组织，增加色泽和香味的作用，蛋液还具有乳化作用。蛋品的种类很多，但在面点制作中常用的蛋品是鸡蛋。

（4）乳品。乳品在面点制作中主要用于高档面点的制作。在面团调制中加入适量的乳品可以提高面点制品的营养价值，使制品滋味香醇，防止面点出现"老化"现象。乳品种类很多，但在面点制作中常用的乳品是鲜牛奶、炼乳、淡奶和奶粉等。

（5）化学膨松剂。在调制面团时加入适量的化学膨松剂，在高温下膨松剂就会受热分解，产生大量的二氧化碳气体，使面点制品成熟后具有体积膨大、组织疏松和酥脆等特点。面点常用的化学膨松剂有两大类：一类是单质膨松剂，如苏打、小苏打、臭粉等；另一类是复合膨松剂，如泡打粉等。

第四节　中式面点的主要派别

中式面点的主要派别有京式、苏式、广式三大风味流派。

一、京式面点

京式面点泛指我国黄河以北的大部分地区（包括华北、东北等）所制作的面点，以北京地区为代表，故称京式面点。

京式面点的代表品种主要有：抻面、一品烧饼、清油饼、都一处的烧麦、狗不理的包子、清宫仿膳肉末烧饼、千层糕、艾窝窝、豌豆黄等（图2－1），都各具特色。

图2－1　京式面点代表品种

1. 京式面点的形成

京式面点的形成与北京悠久的历史和古老的京都文化密不可分的。从很早的时候起，便成为汉、匈奴、契丹、女真和回族等民族杂居相处的地方。由于东北、华北地区盛产小麦，北京地区素有食用面食的习俗，各民族面点的制作方法、品种在此进行交流、融合。

早在战国时代，北京就是燕国的都城，又曾是辽朝的陪都和金朝的中都，后为元、明、清三朝都城，是我国多个朝代政治、经济、文化的中心。聚集了全国各地的官宦商贾，文人荟萃，商业繁荣，各地官宦进贡特产。为宫廷饮食和官场、商场的交际需要，饮食文化尤为发达，极大地刺激了京城的烹饪技艺提高和发展。面点也不例外，京式面点兼收并蓄了各民族的面点制作方法，得到了很大发展。如抻面，据史家研究，它是胶东福山人民喜食的一种面食品，明代由山东进贡入宫，受到皇帝的赏识，赐名"龙须面"，从此成为京式面点的名品。为宫廷皇室需要出现了以面点为主的筵席。传说清嘉庆年间时"光禄寺"曾经做了一桌面点筵席，仅面粉用量高达60kg，可见其用料、品种之多与规模之大绝无仅有。此外，宫廷面点的外传，也直接促进了京式面点的发展与形成。

　　综上所述，京式面点最早起源于华北、山东、东北等地区的农村和满族、蒙古族、回族等少数民族地区，在其形成的历史过程中，吸收了各民族、各地区的面点精华，又受到南方面点和宫廷面点的影响，是我国北方地区各族人民的智慧结晶，形成了具有浓厚的北方各民族风味特色的京式面点的风味流派。

　　2. 京式面点的主要特点

　　京式面点主要以面粉为原料，特别擅长制作面食，其有独特之处，被称为四大面食的抻面、削面、小刀面、拨鱼面，不但制作技术精湛，而且口味爽滑，筋抖，受到广大人民的喜爱。京式的小食品和点心，也很丰富多彩。在馅制品方面，肉馅多用"水打馅"，佐以葱、姜、黄酱、味精、芝麻油等，口感鲜咸而香，柔软松嫩，具有独特的风味。

　　（1）用料丰富。京式面点的主料有麦、米、豆、黍、粟、蛋、奶、果、蔬、薯等类，加上配料、调料，用料可达上百种之多。由于北方盛产小麦及饮食习惯的因素，总体用料以麦面居于首位。

（2）品种众多。京式面点品种很多，有山西被称为我国"四大面食"的抻面、刀削面、小刀面、拨鱼面，有品种繁杂的北京小吃。每一种类面点中，又可以分出若干品种。如乾隆年间杨米人的《都门竹枝词》中写道："三大钱儿卖好花，切糕鬼腿闹喳喳。清晨一碗甜浆粥，才吃茶汤又面茶。凉果渣糕聒耳多，吊烤烧饼艾窝窝。叉子火烧刚买得，又听硬面叫饽饽。烧卖馄饨列满盘，新添挂粉好汤团……果馅饽饽要澄沙……三鲜大面要汤宽"。充分反映了京式面点品种丰富，文化底蕴丰厚。

（3）制作精细。京式面点制作精细，主要表现在用料讲究、善制面食，浇头、馅心精美，成型、成熟方法多样化。京式面点馅心注重鲜、香、甜，肉馅多用水打馅，并常用葱、姜、黄酱、芝麻油为调辅料，形成北方地区的独特风味。如天津的"狗不理"包子，就是加放骨头汤，后入葱花、香油搅拌均匀成馅，使其口味醇香、鲜嫩适口，肥而不腻。如"一窝丝清油饼"先抻面抻得细如线，然后再盘做成"一窝丝清油饼"；茯苓饼摊的薄如纸；煎饼擀的薄如蝉翼，充分反映了京式面点制作具有独特技法。

（4）风味多样。京式面点中既有汉族风味、仿膳风味又有蒙古族、回族、满族风味，且民族风味相互交融，形成新的风味。

二、苏式面点

苏式面点泛指长江下游江、浙一带地区所制作的面点，它起源于扬州、苏州，以江苏最具代表性，故称苏式面点。

苏式面点的主要代表品种有扬州的三丁包子、翡翠烧麦、苏州的糕团、船点、淮安的文楼汤包、嘉兴的粽子等（图2-2）。

1. 苏式面点的形成

扬州、苏州都是我国具有悠久历史的文化名城，古今繁华

图2－2　苏式面点代表品种

地，市井繁荣，商贾云集，文人荟萃，游人如织。历史上商贾大臣、文人墨客、官僚政客纷至沓来，带动了两地经济的发展。"春风十里扬州路""十里长街市井连""夜市千灯照碧云""腰缠十万贯，骑鹤下扬州"。均是昔日扬州繁华的写照。而清代乾隆年间徐扬所画的《姑苏繁华图》中，亦描出了苏州的奢华。悠久的文化，发达的经济，富饶的物产，为苏式面点的发展提供了有利的条件。

苏式面点继承和发扬了本地传统特色。据史料记载，在唐代苏州点心已经出名，白居易的诗中就屡屡提到苏州的粽子等，《食宪鸿秘》《随园食单》中，也记有虎丘蓑衣饼、软香糕、三层玉带糕、青糕、青团等；而扬州面点自古也是名品迭出，据记载最负盛名的仪征萧美人，她制作的面点"小巧可爱，洁白如雪""价比黄金"；又如定慧庵师姑制作的素面；运司名厨制作的糕，亦是远近闻名，有口皆碑。近现代名厨人才辈出，经过不断创新，不断发展，又涌现出翡翠烧卖、三丁包子、千层油糕等一大批名点，形成了苏式面点这一中式面点中的重要面点流派。

2. 苏式面点的主要特点

苏式面点，因处在我国最为富饶、久负盛名的"鱼米之乡"，民风儒雅、市井繁荣、食物源极为丰富，为制作苏式面点奠定了良好基础，提供了良好条件。制品色、香、味、形俱佳的特点最为突出。苏式面点可分为宁沪、苏州、镇江、淮扬等流派，又各有不同的特色，苏式面点重调味，味厚、色艳、略带甜头，形成独特的风味。馅心重视掺冻（即用多种动物性原料熬制汤汁冷冻而成），汁多肥嫩，味道鲜美，苏式面点很讲究形态，如苏州船点，形态甚多，常见的有飞禽、走兽、鱼虾、昆虫、瓜果、花卉等，色泽鲜艳，形象逼真，栩栩如生，被誉为精美的艺术食品。

（1）风格复杂，品种繁多。苏式面点就风味而言，可包括有苏锡风味、淮扬风味、宁沪风味、浙江风味等，其品种相当丰富，《随园食单》《扬州画舫录》《邗江三百吟》等著作中都有记载。经过近现代名厨的传承、创新、发展涌现出了一大批名店、名点，在中式面点制作中享有盛誉。

（2）技法细腻，制作精美。在苏式点心制作中，形态总体可用"小巧玲珑"4个字概括。例如，特有的面点品种——"船点"。相传发源于苏州、无锡水乡的游船画舫上。其坯皮可分为米粉点心和面粉点心，成型制作精巧，常制成飞禽、动物、花卉、水果、蔬菜等，形态逼真。面点形态也是以精细为美，又如，小烧卖、小春卷、小酥点。扬州的面点制作的精致之处也表现为面条重视制汤、制浇头，馒头注重发酵，烧饼讲究用酥，包子重视馅心，糕点追求松软等，其中，馅心掺冻"灌汤"是苏式面点制馅的重要特有技法。

（3）选料严格，季节性强。苏式面点对原料选用严格，辅料的产地、品种都有特定的要求，选用玫瑰花要求是吴县的原瓣玫瑰，桂花要求用当地的金桂，松子要用肥嫩洁白的大粒松子仁等，一些名特品种还选用有特殊滋补作用的辅料，长期食用有一定的健身作用。例如，松子枣泥麻饼，有润五脏，健脾胃的作用。

苏式面点历来注重季节性，四时八节均有应时面点上市，形成了春饼、夏糕、秋酥、冬糖的产销规律，大部分节令食品都有上市，落令的严格规定。例如，"酒酿饼正月初五上市，三月二十日落令"；"薄荷糕三月半上市，六月底落令"等。目前，不再有历史上那样的上市、落令时间的严格要求，但基本上做到时令制品按季节上市。如扬州面点春季供应"应时春饼"；夏季供应清凉的"茯苓糕""冷淘"；秋季供应"蟹肉面""蟹黄包子"等。而《吴中食谱》记载"汤包与京酵为冬令食品，春日烫面饺，夏日为烧卖，秋日有蟹粉馒头"；浙江等地面点中，春天有春卷，清明有艾饺；夏天有西湖藕粥、冰糖莲子羹、八宝绿豆汤；秋天有蟹肉包子，桂花藕粉，重阳糕；冬天有酥羊面等。面点品种四季分明、应时迭出。

（4）善用原料，色香自然。苏式面点充分利用食品原料固有的颜色、香味为面点制品着色生香，彰显风味。例如，利用玫瑰花、桂花等的颜色和香味，作为制品着色生香的原料，可以拌入馅心、拌入坯料增加制品香味，也可以洒在制品表层增香添色。又如，猪油年糕、方糕等就配用玫瑰借其天然红色，添加桂花点缀出黄色，选用红枣、赤豆使呈棕红色等，再如，青团的绿色、清新香味就是来自于春天碧绿色艾蒿嫩苗叶，由于添加量很多，所以，制品带有这些辅料浓厚的自然风味。

三、广式面点

广式面点泛指珠江流域及南部沿海地区所制作的面点，以广州地区为代表，故称广式面点。

广式面点富有代表性的品种有叉烧包、虾饺、莲蓉甘露酥、蛋泡蟹肉批、马蹄糕、炒河粉、荷叶饭等（图2-3）。

图2-3 广式面点代表品种

1. 广式面点的形成

广东地处我国东南沿海，气候温和，雨量充沛，物产丰富，盛产大米，故当时的民间食品一般都是米制品，如伦敦糕、萝卜糕、糯米年糕、炒米饼等。早期以民间食品为主。

广东具有悠久的文化，秦汉时，番禺（今广州）就成了南海郡治，经济繁荣，促进了饮食业和民间食品的发展。正是在这些本地民间小吃的基础上，经过历代的演变和发展，吸取精华而逐渐形成了今天的广式面点。例如，娥姐粉果是广州著名的点心之一，它就是在民间传统小吃粉果的基础上，经过历代面点师的不断创新、不断完善而形成的。又如，九江煎堆，驰名粤、港、澳，为春节馈送亲友之佳品，它也是在民间小吃基础上发展起来的，至今已有几百年的历史。广州自双魏以来历经唐、宋、元、明至清，是珠江流域及南部沿海地区的政治、经济、文化中心。唐代，广州已成为我国著名的港口，外贸发达，商业繁盛，与海外各国经济文化交往密切；是我国与海外各国较早的通商口岸，经济贸易繁荣，饮食文化也相当发达，面点制作技术发展比南方其他地区发展更快，特色突出。19世纪中期，英国发动了侵华的鸦片战争，国门大开，欧美各国的传教士和商人纷至沓来，广州街头万商云集、市肆兴隆。广州较早地从国外传入各式西点的制作技术，广州面点厨师吸取西点的制作技术，丰富了广式面点。如广州著名的擘酥类面点，就是吸取西点技术而形成的。在我国南方地区影响较大，客观上又促进了广州面点的发展。

2. 广式面点的主要特点

广式面点，富有南国风味，自成一格，近百年来，又吸取了部分西点制作技术，品种更为丰富多彩，以讲究形态、花色著称，坯皮使用油、糖、蛋多，营养丰富，馅心多样、晶莹，制作工艺精细，味道清淡鲜滑，特别是善于利用荸荠、土豆、芋头、山药、薯类及鱼虾等做坯料，制作出多种多样美点。

（1）坯皮丰富、品种丰富。据有关资料统计，广式点心坯皮有四大类、23 种，馅有三大类、47 种之多，能制作各式点心 2 000 多种。按经营形式可分为日常点心、星期点心、节日点心、旅行点心、早晨点心、西式点心、招牌点心、四季点心、席上点心、点心筵席等，各种点心可根据坯皮类型、馅心配合，可分别制出精美可口、绚丽缤纷、款式繁多、不可胜数的美点。米及米粉制品是其历史传统强项，品种除糕、粽外，还有煎堆、米花、沙壅、白饼、粉果等外地罕见品种。

（2）馅心广泛、口味多样。广式面点馅心选料之广，得益于广东物产丰富，五谷丰登，六畜兴旺，四季常青，蔬果不断。正如屈大均在《广东新语》中所说："天下所有之食货，粤东几尽有之，粤东所有之食货，天下未必尽有之。"原料之广泛、丰富，给馅心提供了丰富的物质基础。广式面点馅心用料包括肉类、海鲜、水产、杂粮、蔬菜、水果、干果以及果实、果仁等。如叉烧馅心，为广式面点所独有，除烹制的叉烧馅心具有独特风味外，还有别具一格的用面捞芡拌和的制馅方法。由于广东地处亚热带，气候较热，所以，面点口味一般较清淡。

（3）善于吸收、技法独到。在广式面点中使用皮料的范围广泛，有几十种之多，其中，不少配料、技法是吸收西点制作技艺，坯皮较多使用油、糖、蛋，制品营养丰富，并且基本实现了本土化，如擘酥、岭南酥、甘露酥、士干皮等。广式面点外皮制作技法独到一般讲究皮质软、爽、薄，如粉果的外皮，"以白米浸至半月，入白粳饭其中，乃春为粉，以猪脂润之，鲜明而薄。"馄饨的制皮也非常讲究，有以全蛋液和面制成的，极富弹性。包馅品种要求皮薄馅大，故皮制作上和包馅技术要求很高，要求皮薄而不露馅，馅大以突出馅心的风味。此外，广式面点喜用某些植物的叶子包裹坯料制成面点。如"东莞以香粳杂鱼肉诸味，包荷叶蒸之，表里香透，名曰荷包饭。"如此，则产生不同的香味。

（4）季节性强、应时迭出。广式面点常依四季更替、时令果蔬应市而变化，浓淡相宜，花色突出。要求是：夏秋宜清淡，春季浓淡相宜，冬季宜浓郁。春季常有礼云子粉果、银芽煎薄饼、玫瑰云霄果等；夏季有生磨马蹄糕、陈皮鸭水饺、西瓜汁凉糕等；秋季有蟹黄灌汤饺、荔浦秋芽角等；冬季有腊肠糯米鸡、八宝甜糯饭等。

以上这三大主要风味流派面点依靠其鲜明的地方性、地域特色，在全国有很大影响力。除此之外，常言道"一方山水，养一方人"，我国各地都有各自的特色风味和独到之处。各民族面点，如清真、朝鲜族、藏族、土家族、苗族、壮族等也有自己的风味面点，虽未形成鲜明的地域体系及辐射面，但也早已成为我国面点的重要组成部分，融合在各主要地域流派中，同样也展示了其独特的魅力，为我国面点制作技艺增光添彩。

第三章　馅心制作

第一节　馅心的概念和分类

一、馅心的概念

馅心是指将各种制馅原料，经过精细加工、调和、拌制或熟制后包入米面等坯皮内的"心子"，又称馅子。

二、馅心的分类

馅心种类很多，花色不一。馅心主要是从原料、口味、制作方法3个方面进行分类的。

1. 按原料分类

按原料分类，可分为荤馅和素馅两大类。

（1）荤馅。荤馅是指以畜禽肉或水产品等为原料制成的馅心。

（2）素馅。素馅是指以新鲜蔬菜、干菜、豆类及豆制品为原料制成的馅心。

2. 按口味分类

按口味分类，可分为甜馅、咸馅和甜咸馅三类。

（1）甜馅。甜馅是指以糖、油、豆类、果仁、干果、蜜饯为原料制成的馅心，以甜香味为主体口味。

（2）咸馅。咸馅是指以咸鲜味为主体口味的馅心。

3. 按制作方法分类

按制作方法可分为生馅、熟馅2种。

（1）生馅。生馅是指将原料经初加工处理后不经加热成熟，而直接调味拌制而成的馅心。

（2）熟馅。熟馅是指将原料经加工处理后，再进行烹炒、调味使馅料成熟的馅心。

第二节　原料加工

一、馅心原料初加工基本方法

摘洗，指新鲜蔬菜去根蒂，去黄叶、烂叶、老叶，去泥沙并用水清洗的操作过程。洗蔬菜时要用水浸泡2分钟左右，把蔬菜叶子中夹的泥沙泡出来，然后再用清水洗净。

去皮，指将茄果类、根茎类蔬菜削去外皮的操作过程。如用冬瓜、南瓜、莲藕原料等制作馅心前，需要用用削皮刀或菜刀去皮。原料去皮时一定要去干净，否则，调制出的馅心会有硬颗粒。

去壳，指将有表面硬壳的干鲜果去掉外壳的操作过程。如花生、瓜子、松子等在使用其制馅前要先去掉表面硬壳。需要注意的是，去外壳时尽量不要把外壳破得太碎，否则，调制馅心时，容易使馅心中残留细碎外壳，影响馅心质量。

去核，指将有仁核的原料剔去内核的工艺过程，主要用于各类干鲜果类原料的制馅加工。鲜果去核时直接用刀切开去核，而干果要先去壳后才能去核。

此外，有些原料需要去掉不良味道的部分，如以莲子做馅要用牙签去掉莲子的苦心，以大虾做馅需要用牙签挑去虾线；否则，制成的馅心会出现不良口味。

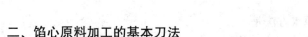

二、馅心原料加工的基本刀法

切，是指刀刃距离原料 0.5~1cm 时，运用手腕的力量向下割离原料，使其成为较小形状的刀法。切法适于对体态细长蔬菜的细碎加工，如韭菜、茴香、香菜、豇豆、芹菜等，同时，也适合于将原料加工成丁、丝、小块状，如豆腐干丁、葱丝、姜丝等。

剁，是指刀刃距离原料 5cm 以上，运用小臂的力量垂直用力迅速击断原料，使其成为细碎形状的刀法。面点制馅工艺中，先切后剁是较为常用的刀法，适合于对叶片大、茎叶厚蔬菜的加工，如大白菜、圆白菜、莴苣、竹笋等，同时，也适合于将原料加工成末、蓉、泥状，如虾泥等。

礤，是指利用擦丝工具，将原料紧贴礤床儿并做平面摩擦，使其成为细丝形状的刀法。礤法往往与剁结合，先礤后剁使原料细碎，适合于对根茎类、茄果类原料的细碎加工，如倭瓜、西葫芦、莲藕、萝卜、马铃薯等。

绞，是指借助绞肉机的功能，将原料粉碎成细小颗粒、泥蓉、浆状物的方法。如各类肉馅的初步加工、果蔬菜汁的加工、干果原料的粉碎等。

三、生馅原料的水分控制

焯水又称出水，是指将原料放入沸水锅中烫制的工艺过程。焯水可使蔬菜颜色更鲜艳，质地更脆嫩；焯水可减轻蔬菜的涩、苦、辣味和动物原料的血污腥膻等异味；焯水还可以调节原料的成熟时间，便于原料进一步加工，所以，对原料的色、香、味起关键作用。

1. 焯水的方法

面点制馅工艺中，需要焯水的原料种类较多，形状各异，有些原料可洗净后直接焯水，再粉碎，如菠菜、油菜、小白菜等；有些原料需要初步加工成型后再焯水，如萝卜、芹菜、竹笋等。

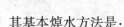

其基本焯水方法是：

（1）水锅上火烧开，在开水锅中放少量食盐。

（2）将初加工好的原料放入锅中稍烫。

（3）待原料纤维组织变软，用笊篱将原料迅速捞出。

（4）将烫过的原料立即放入冷水盆中冷却（多数原料焯水需要此步骤）。

（5）将原料从冷水盆中捞出，放在筛子上控净水分。

2. 焯水注意事项

（1）开水下锅，及时翻动。将锅内的水烧至滚开再将原料下锅，且要及时翻动，适时出锅；否则，不能保证原料的色、脆、嫩。

（2）掌握火候，适当加盐。要根据原料形状掌握加热时间，焯绿叶蔬菜，水中要适量加盐，这样可以保持菜的嫩绿颜色。

（3）及时换水，分别焯水。焯特殊气味的原料，要及时换水，防止"串味"；形状不同的原料，要分别焯水，不能"一锅煮"，防止生熟混乱。

（4）冷水过凉，控干水分。蔬菜类原料在焯水后应立即投入凉水中，然后控干水分，以免因余热而使之变黄、熟烂。

3. 脱水

使用新鲜蔬菜制馅，需要在调味拌制之前，去除菜中多余的水分。脱水是指通过盐或糖的渗透压作用，使新鲜蔬菜中多余的水分外溢，挤掉水分的过程，作用是减少新鲜蔬菜的含水量，便于包馅成型。

（1）脱水的方法。

①将新鲜蔬菜切成细丝或碎粒。

②在细碎原料中撒盐，然后揉搓。

③用纱布把原料中渗透出的水分挤压干净。

（2）脱水注意事项。

①根据蔬菜种类不同，脱水的处理工艺也不同。

②蔬菜脱水尽量在短时间内完成，如果时间久了会影响其品质及其营养成分。

③如果制作成馅成品，脱水时可加少量食盐；如果制作甜馅成品，脱水时，可加少量白糖。

打水是指通过搅拌在肉馅中逐渐加入水分的工艺过程。其目的是使肉馅黏性更足，质感更松嫩。

4. 打水

（1）打水的方法。

①将肉馅放入盆中，在肉中放入食盐，搅拌均匀。

②将少量水放入肉中，沿着一个方向不断搅拌，直至黏稠。

③再次放水，搅拌至黏稠，反复多次。

（2）打水注意事项。

①根据肉的特点确定加水量。肉的种类不同、部位不同，其持水性不同，因而打入水量也不相同。牛肉、羊肉、猪肉、鸡肉、马肉的持水性依次降低，打水量也依次降低。

②分次加水，每次少加。肉质吸水有一个过程，水要分次逐渐加入且每次加水量要少。

③打水要始终沿着一个方向搅拌，不能无规则地顺逆混搅，否则，馅心会出现澥汤脱水现象，影响包捏成型。

④夏季，搅好的肉馅放入冰箱适当冷藏为好。

第三节　口味调制

一、生咸馅的调制

（一）生荤馅

生荤馅是用畜、禽、水产品等鲜活原料经刀工处理后，再经调味、加水（或掺冻）拌制而成（图 3 - 1）。其特点是馅心松嫩，口味鲜香，卤多不腻。

图 3 - 1　肉馅

1. 选料加工

生荤馅的选料，首先应考虑原料的种类和部位，因不同种类的原料其性质不同，而同一种类不同部位的原料其特点不同。多种原料配合制馅，要善于结合原料性质合理搭配。

对于肉馅加工，首先要选合适的部位或肥瘦肉比例搭配合适，然后剔除筋皮，再切剁成细小的肉粒。在剁馅时淋一些花椒水，可去膻除腥，增加馅心鲜美味道。

绞肉机绞出的肉馅比人工用刀剁得更加细腻，同时，普遍带有油脂较重、黏性过足的特点，这样虽利于包捏成型，但也会影响成品的口味与质感。因此，在调制使用绞肉机制作的生肉馅时，如果能正确掌握调味、加水（或掺冻）这几个关键点，也就能顺利地解决生肉馅油腻这一难题。

2. 调味

调味是为了使馅心达到咸淡适宜、口味鲜美的目的而采用的一种技术手段。调味和加水的先后顺序应依肉的种类而定。调味品的选用也因原料的种类不同而有差异，有时同一种类的原料，因区域口味不同，在调味品的使用上也有所不同。

调制生荤馅的调味品主要有葱、姜、盐、酱油、味精、香油，其次有花椒、大料、料酒、白糖等。调馅时应根据所制品种及其馅心的特点和要求择优选用，要达到咸淡适宜，突出鲜香。不能随意乱用，避免出现怪味、异味。

调猪肉馅应先放调料、酱油，搅匀后依具体情况逐步加水，加水之后再依次加盐、味精、葱花、香油。因猪肉的质地比较嫩，脂肪、水分含量较多，如果在加水之后再调味，则不易入味。

调羊肉、牛肉馅则相反，因羊肉、牛肉的纤维粗硬，结缔组织较多，脂肪和水分的含量较少，所以，调馅时必须先加进部分水，搅打至肉质较为松嫩、有黏性时，再加姜、椒、酱油等调料，搅匀后，依具体情况再适当酌加水分，然后加盐搅上劲，最后加味精、葱花、香油等。

调制肉馅必须是在打水之后加盐，如果过早加盐，会因盐的渗透压作用使肉中的蛋白质变性、凝固而不利于水分的吸收和调料的渗透，并会使肉馅口感艮硬、柴老。

3. 加水或掺冻

（1）加水。加水是解决肉馅油脂重、黏性足使其达到松嫩目的的一个办法。具体的加水量首先应考虑制品的特点要求，然后根据肉的种类、部位、肥瘦、老嫩等情况灵活掌握。

加水时，应注意以下几点：第一，视肉的种类质地不同，灵活掌握调味和加水的先后顺序。第二，加水时，一次少加，要分多次加入，每次加水后要搅黏、搅上劲再进行下一次加水，防止出现肉水分离的现象。第三，搅拌时要顺着一个方向用力搅打，不得顺逆混用，防止肉馅脱水。第四，在夏季，调好的肉馅入冰箱适当冷藏为好。

（2）掺冻。掺冻是为了增加馅心的卤汁，而在包捏时仍保持稠厚状态，便于成型操作的一种方法。冻有皮冻和粉冻之分。

皮冻是用猪肉皮熬制而成。在熬冻时只用清水，不加其他原料属于一般皮冻；熬好后将肉皮捞出，只用汤汁制成的冻叫水晶冻；如果用猪骨、母鸡或干贝等原料制成的鲜汤再熬成的皮冻属上好皮冻。此外，皮冻还有硬冻和软冻之分，其制法相同，只是所加汤水量不同。硬冻加水量为 1 : (1.5～2)，软冻加水量为 1 : (2.5～3)。硬冻多在夏季使用，软冻多在冬季使用。多数的卤馅和半卤馅品种都在馅心中掺入不同比例的皮冻，尤其是南方的各式汤包，皮冻是其馅心的主要原料。

粉冻是将水淀粉上火熬搅成冻状，晾凉后掺入到馅心中，其目的除使馅心口感松嫩外，同时，还为了在成型时利用馅心的黏性粘住隆起的皮褶，如内蒙古的羊肉烧卖就是如此。

馅料内的掺冻量应根据制品的特点而定，纯卤馅品种其馅心是以皮冻为主，半卤馅品种则要依皮料的性质和冻的软硬而定，如水调面皮坯组织紧密，掺冻量可略多；嫩酵面皮坯次之；大酵面皮坯较少。

（二）生素馅

生素馅多选用新鲜蔬菜作为主料，经加工、调味、拌制后成馅心（图 3-2），具有鲜嫩、清香、爽口的特点。

图 3-2　素馅

1. 选料摘洗

根据所制面点馅心的特点要求，选择适宜的蔬菜，去根、皮或黄叶、老边后清洗干净。

2. 刀工处理

馅心的刀工处理方法有切、先切后剁、擦和擦剁结合、剁菜机加工等方法。切适合于叶片薄而细长或细碎的蔬菜，例如，韭菜、茴香、香菜、茼蒿等；先切后剁，适合于叶片大或茎叶厚实的蔬菜，例如大白菜、甘蓝、芹菜、莴苣等；擦和擦剁结合，适合于瓜菜、根菜和块茎类蔬菜，例如，角瓜、萝卜、马铃薯等；还有剁菜机加工。根据制品的要求和蔬菜的性质选择适合的刀工处理方法，以细小为好。

3. 去水分和异质

新鲜蔬菜中含水分较多，不能直接使用，必须在调味拌制前去除多余的水分。通常使用的方法有 2 种：一是在切剁时或切剁后在蔬菜中撒入适量食盐，利用盐的渗透压作用，促使蔬菜水分外溢，然后挤掉水分。二是利用加热的方法使之脱水，即开水焯烫后再挤掉水分。

此外，由于在莲藕、茄子、马铃薯、芋芅等蔬菜中含有单宁，加工时在有氧的环境中与铁器接触即发生褐变；在青萝卜、小白菜、油菜等蔬菜中均带有异味，这些异质在盐渍或焯水的过程中都可有效去除。

4. 调味

去掉水分的蔬菜馅料较干散，无黏性，缺油脂，不利于包捏，因此，在调味时应选用一些具有黏性的调味品和配料，例如大油、酱、鸡蛋等，这样不但增强了馅料的黏性，改善了口味，同时，也提高了素馅的营养价值。投放调味品时，应根据其性质按顺序依次加入，例如，先加姜、椒等调料，再加大油、黄酱，然后加盐，这样既可入味，又可防止馅料中的水分进一步外溢。

香油、味精等最后投入，可避免或减少鲜香味的挥发和损失。

5. 拌和

馅料调味后拌和要均匀，但拌制时间不宜过长，以防馅料"塌架"出水。拌好的馅心也不宜放置时间过长，最好是随用随拌。

（三）生荤素馅

生荤素馅是中式面点工艺中最常用的一类咸馅。几乎所有可食的畜禽类、蔬菜类原料均可相互搭配制作此类咸馅。其特点是口味协调，质感鲜嫩，香醇爽口。

1. 调制荤馅

选择合适的动物性原料经刀工处理后，按照生荤馅的操作要求调制成馅。

2. 加工蔬菜

将蔬菜择洗干净后，不需要去水分的（如韭菜、茴香等）可直接切细碎，需要去水分的，可在切剁时撒一些精盐，剁细碎后再用纱布包起来挤去水分。

3. 拌和成馅

将加工好的蔬菜末放入调好口味的荤馅内搅拌均匀即成。

二、甜馅的调制

（一）糖油馅

糖油馅是以白糖或红糖为主料，通过掺粉、加油脂和调配料制成的一类甜馅。糖油馅具有配料相对单一，成本低廉，制作简单，使用方便，风味丰富的特点。因此，糖油馅是制作点心较为常用的一类甜馅。如玫瑰白糖馅、桂花白糖馅、水晶馅等。

1. 选料

白糖中的绵白糖和细砂糖以及红糖、赤砂糖均可作为糖油馅的主料，但要依据不同制品的具体特点选择使用。粉料则选麦粉、米粉均可。麦粉多选择低筋粉，而米粉以籼米、粳米粉为好。油脂的使用也较为普遍，动物油中的猪板油、熟大油，植物油中的芝麻油、胡麻油、豆油等都可依糖馅的特点或地方风味来选用。糖油馅的种类都是根据所加的调配料不同而形成，因此，制作糖油馅的调配料多选用具有特殊香味的原料，如麻仁、玫瑰酱、桂花酱及不同味型的香精、香料等。

2. 加工

存放过久的白、红糖品质坚硬，须擀细碎。麦粉、米粉需烤或蒸熟过罗，但要注意不可上色或湿、黏。拌制糖油馅的油脂无须加热，多使用凉油，猪板油则需撕去脂皮，切成筷头丁。如果使用麻仁制馅，必须炒熟并略擀碎，香味才能溢出。

3. 配料

糖油馅是以糖、粉、油为基础，其比例通常为：糖500g，粉150g，油100g。但有时因品种特点不同或地方食俗不同，其比例也有差异。拌制不同类型的糖馅所加的各种调配料适可而止，如玫瑰酱、桂花酱以及各种香精其香味浓郁，多放会适得其反。

4. 拌和

将糖、粉拌和均匀后开窝，中间放油脂及调味料，搅匀后搓擦均匀，如糖馅干燥可适当打些水。

（二）果仁蜜饯馅

果仁蜜饯馅是用各种干果仁、蜜饯、果脯等原料经加工后与白糖拌和而成的一类甜馅（图3-3），具有松爽甘甜，并带有不同果料的浓郁香味的特点。

由于我国南北物产的差异，果仁蜜饯馅在原料的选用及配比、制馅的方法上各地均有所不同。如有以瓜子仁为主的瓜子馅，有以鲜葡萄和葡萄干为主的葡萄馅，还有以各种果仁蜜饯相搭配制成的五仁馅、八宝果料馅等，通过众多原料的合理搭配，可制作出风味各异的甜馅，因此，也是面点制作或演变中常用的

图 3 – 3　果仁蜜饯馅

馅心。

1. 选料

果仁的种类较多，常用的有核桃、花生、松子、榛子、瓜子、芝麻、杏仁以及腰果、夏果等。多数果仁都含有较多脂肪，易受温度和湿度的影响而变质，所以，制馅时要选择新鲜、饱满、色亮、味正的果仁。蜜饯与果脯的品种也很多，通常蜜饯的糖浓度高，黏性大，果脯相对较为干爽，但存放过久会结晶、返砂或干缩坚硬，所以，使用时要选择新鲜、色亮、柔软、味纯的蜜饯果脯。

2. 加工

果仁需要经过去皮、制熟、破碎等加工过程，具体的加工方法因原料的不同特点而有所不同。如花生仁、松仁等，要先经烘烤或炸熟后再搓去外皮；而桃仁、杏仁等则需要先清洗浸泡，然后剥去外皮再烤或炸熟。较大的果仁还需要切或擀压成碎粒。较大的蜜饯果脯都需要切成碎粒，以便于使用。

3. 配料

因果仁、蜜饯、果脯的品种很多，配馅时，既可以用一种果仁或蜜饯、果脯配制馅心，如桃仁、松仁馅、红果、菠萝馅等；

也可以用几种果仁、蜜饯、果脯分别配制出,如三仁、五仁馅,什锦果脯馅等;还可以将果仁、蜜饯、果脯同时用于一种馅心,即什锦全馅。配制果仁蜜饯馅以糖为主,除按比例配以果仁、蜜饯、果脯外,有时还需要配一定数量的熟面粉和油脂,具体的比例以及油脂的选择应视所制馅心使用果仁、蜜饯或果脯的多少和干湿度及其馅心的特点而定。

4. 拌和

将加工好的果仁、果脯、蜜饯与擀过的糖、过罗的熟粉以及适合的油脂拌和,搓擦到既不干也不湿,手抓能成团时方好。

第四节 上馅方法

上馅也称包馅、打馅、塌馅等,是指在坯皮中间放上调好的馅心的过程。这是包馅品种制作时的一道必要的工序。上馅的好坏,会直接影响成品的包捏和成型质量。如上馅不好,就会出现馅的外流、馅的过偏、馅的穿底等缺点。所以,上馅也是重要的基本操作之一。根据品种不同,常用的上馅方法有包馅法、拢馅法、夹馅法、卷馅法、滚黏法等。

一、包馅法

包馅法(图3-4)是最常用的一种方法,用于包子、饺子等品种。但这些品种的成型方法并不相同,根据品种的特点,又可分为无缝、捏边、提褶、卷边等,因此,上馅的多少、部位、手法随所用方法不同而变化。

1. 无缝类

无缝类品种一般要将馅上在中间,包成圆形或椭圆形即可。关键是不无缝类要把馅上偏,馅心要居中。此类品种有豆沙包、水晶馒头、麻蓉包等。

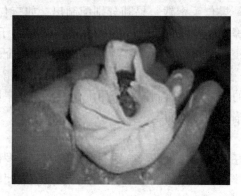

图 3－4　包馅

2. 捏边类

捏边类品种馅心较大，上馅要稍偏一些，这样将皮折叠上去，才能使捏边类皮子边缘合拢捏紧，馅心正好在中间。此类品种有水饺、蒸饺等。

3. 提褶类

提褶类品种因提褶面呈圆形，所以馅心要放在皮子正中心。此类品种有小笼包子、狗不理包子等。

4. 卷边类

卷边类品种是将包馅后的皮子依边缘卷捏成型的一种方法，一般用两张皮，中间上馅，上下覆盖，依边缘卷捏。此类品种有盒子酥、鸳鸯酥等。

二、拢馅法

拢馅法（图 3－5）是将馅放在皮子中间，然后将皮轻轻拢起，不封口，露一部分馅，如烧卖等。

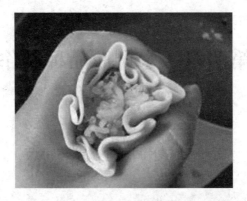

图 3 – 5　拢馅

三、夹馅法

夹馅法主要适用糕类制品，即一层粉料加上一层馅。要求上馅量适当，上均匀并抹平，可以夹上多层馅。对稀糊面的制品，则要蒸熟一层后上馅，再铺另一层。如豆沙凉糕等。

四、卷馅法

卷馅法是先将面剂擀成片状，然后将馅抹在面皮上（一般是细碎丁馅或软馅），再卷成筒形，做成制品，切块，露出馅心，如豆沙卷、如意卷等。

五、滚粘法

此种方法较特殊，即是把馅料搓成型，蘸上水，放入干粉中，用簸箕摇晃，使干粉均匀地粘在馅上，如橘羹圆子等。

第四章　水调面品种制作

第一节　水调面坯概念与特点

一、水调面坯的概念

水调面坯是指面粉与水调制的面坯，餐饮业也称之为"死面"或"水面"。面粉中掺入水（图4-1）是制作大部分水调

图4-1　水调面

面品种最常见的方法，有时我们也能见到在水调面坯中掺一点盐、一点碱或一点糖的情况，但是不论掺什么原料，只要量不是很多，只要不改变面坯的组织结构和质感，我们仍然称其为水调面坯。例如，抻面时（甘肃的拉条子、北方的龙须面、中原地区的抻面）放一点盐、一点碱，既不是为了调节口味（使面坯有

咸味），也不是为了去掉面坯中的酸味（进行酸碱中和），而是为了强化面坯中水调面坯的特性——弹性、韧性和延伸性。

二、水调面坯的特点

水调面坯根据和面时使用的水温不同，其面坯所具有的特点也不同。

1. 冷水面坯

冷水面坯是用30℃以下的水与面粉直接拌和、揉搓而成的。面坯本身具有弹性、韧性和延伸性。成品一般色泽洁白、爽滑筋道。冷水面坯适合做各种面条、水饺、馄饨、馓子等大众面食。

2. 温水面坯

温水面坯一般是用60℃左右的水和面粉调制而成的。面坯的黏性、韧性和色泽均介于冷水面坯和热水面坯之间，质地柔软且具有可塑性较强的特点。适合于制作烙饼、馅饼、蒸饺等大众化面食。

3. 热水面坯

热水面坯是用80℃以上的热水和面粉调制而成的。面坯本身黏性大、可塑性强，但韧性差、无弹性。成品色泽较暗，口感软糯。适合做广东炸糕、搅团、泡泡油糕、烫面炸糕等特色面食。

第二节　水调面坯调制

一、冷水面坯调制

冷水面坯在不同季节、不同地区（主要指不同纬度位置）即便是使用冷水，水的温度也会有所差异。冷水面坯调制需要注意以下几点。

1. 分次掺水

和面时要根据气候条件、面粉质量及成品的要求，掌握合适的掺水比例。水要分几次掺入（一般应分 3 次），切不可 1 次加足。如果 1 次加水太多，面粉一时吃不进去，会造成"窝水"现象，使面坯粘手。

2. 水温适当

由于面粉中的蛋白质是在冷水条件下生成面筋网络的，因而必须用冷水和面。但在冬季（环境温度较低时），可用 30℃ 的温水和面。

3. 用力揉搋

冷水面中致密的面筋网主要是靠揉搋力量形成的，只有用力反复揉搋，才能使面坯滋润，表面光滑、不粘手。

4. 静置饧面

和好的面坯要盖上洁净的湿布静置一段时间，这个过程叫饧面。饧面的目的是使面坯中未吸足水分的颗粒进一步充分吸水，更好地生成面筋网，提高面坯的弹性和光滑度，使面坯更滋润，成品更爽口。饧面时加盖湿布的目的是防止面坯表面风干，发生结皮现象。

二、温水面坯调制

温水面坯既要有冷水面主坯的韧性、弹性、筋力，又要有热水面主坯的黏性、糯性、柔软性，因而在调制时要注意以下几点。

1. 水温准确

直接用温水和面时，水温以 60℃ 左右为宜。水温太高，面坯过黏而无筋力；水温过低，面坯劲大而不柔软，无糯性。

2. 冷热水比例合适

调制半烫面时，一定是热水掺入在先，冷水调节在后，且冷热水比例适当。热水多，面坯黏性、糯性大，韧性小；冷水多，面坯韧性、延伸性大，柔软性不够。

3. 及时散发主坯中的热气

温水面坯和好后，需摊开冷却，再揉和成团。

4. 防止风干结皮

面和好后，应在面坯表面刷一层油，防止风干结皮。

三、热水面坯调制

不论是哪一种烫面方法，都要求面坯柔、糯均匀。热水面工艺要注意以下几点。

1. 吃水量要准

热水面调制时的掺水量要准确，水要一次掺足，不可在面成坯后调整，补面或补水均会影响主坯的质量，造成成品黏牙现象。

2. 热水要浇匀

热水与面粉要均匀混合，否则，坯内会出现生粉颗粒而影响成品品质。

3. 及时用力搅拌

当热水与面粉接触时，应及时用面杖将水与面粉用力搅拌均匀，否则，热水包住部分面粉，使其表面迅速糊化，而另一部分面粉被糊化的部分分割而吸不到热水，从而形成生粉粒。

4. 散尽面坯中的热气

热水面烫好后，必须摊开冷却，再揉和成团，否则，制出的成品表面粗糙，易结皮、开裂，严重影响质量。

5. 防止烫伤

烫面时，要用木棍或面杖搅拌，切不可直接用手，以防烫伤。

6. 防止表面结皮

面和好后，表面要刷一层油，防止表面结皮。

第三节　水调面坯成型

成型在面点制作中是技艺性较强的一道工序。成型的好坏与否将直接影响到面点制品的卖相和外观形态。成型就是将调制好的面团制成各种不同形状的面点半成品。成型后在经熟制才能称为面点制品。水调面坯成型包括手工成型和机器成型。

一、手工成型

包括揉面、搓条、下剂、制皮等。

1. 揉面

揉面（图4-2）是将调和后的面团进行揉和，使各种粉料调和均匀，充分吸收水分形成面坯的过程。通过揉面，可使面坯进一步增劲、柔润、光滑。揉面是调制面坯的关键。

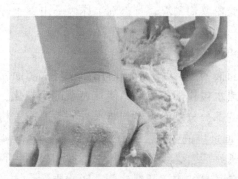

图4-2　揉面

（1）揉面的要求。揉面时脚要稍分开，站成丁字步，上身稍向前倾，身体不靠案板。面坯要揉透，使整块面坯吸水均匀，不夹粉茬，揉至"三光"。揉小块面团时，以右手用力，左手协助（也可双手替换）；揉较大块面团，可双手一齐用力。揉面时用力要均匀，不宜用力过猛。

（2）揉面的手法。揉面的手法主要有捣、揿、揣、摔、擦等5种。

①捣：就是在和面后，将面坯放在缸盆内，双手紧握拳头，在面坯各处用力向下均匀捣压，力量越大越好。面被捣压后，挤向缸的周围时，再将其叠拢到中间，继续捣压，如此反复多次，直至把面坯捣透上劲为好。

②揉：就是用双手掌跟压住面坯，用力伸缩向外推动，把面坯摊开、叠起，再摊开、叠起，如此反复，直至揉透，面坯表面光滑为止。

③揿：就是双手握拳，交叉在面坯上揿压，边揿、边压、边推，把面坯向外揿开，然后卷拢再揿。揿比揉的劲大，能使面坯更均匀、柔顺、光润。

④摔：它分2种手法，一是双手拿面坯的两头，举起来，手不离面，摔在案板上，摔匀为止。二是稀软面坯的摔法，用一只手拿起，脱手摔在盆内，摔下，拿起，再摔，直至将面坯摔至均匀。春卷面的调制就是运用此法。

⑤擦：主要用于油酥面主坯和部分米粉面主坯的调制。具体方法是在案板上把油和面和好后，用手掌跟把面坯一层层向前推擦，使油和面相互粘连，擦透擦匀，形成均匀的面坯。

（3）揉面的要领。

①揉面时，要用"巧劲"，既要用力，又要揉"活"，必须手腕着力，而且力度要适当。

②揉面时，要按照一定的次序，顺着一个方向揉，不能随意改变，否则不易使面坯达到光洁的效果。

③揉发酵面时，不要用"死劲"反复不停地揉，避免把面揉"死"，而达不到膨松的效果。

④揉匀面坯后，要将面坯盖上湿布或保鲜膜静置一段时间，

一般为 10 分钟左右。

2. 搓条

搓成条状（图 4 - 3）的一种手法，是下剂的准备步骤。

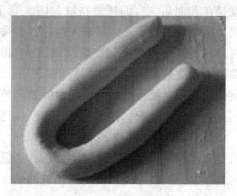

图 4 - 3　搓成条状

（1）搓条的手法。操作时，将醒好的面团，通过拉、搓等方法使之成条状，然后双手的掌跟压在条上，来回推搓，边推边搓，必要时可拉伸，使条向两侧延伸，成为粗细均匀的圆形的长条，为下剂做准备。

（2）搓条的要求。搓条要求条圆，光洁，粗细一致。

（3）搓条的要领。

①两手用力均匀，两边使力平衡。

②要用掌跟推搓，不能用掌心。因掌心发空，压不平，压不实，不但搓不光洁，而且不易搓匀。

3. 下剂

下剂（图 4 - 4）又称揪剂，就是将搓条后的面坯分割成大小一致的剂子。下剂直接关系到点心成型后的规格大小，是成本核算的标准。

（1）下剂的手法。根据各种面坯性质，常用的下剂方法有

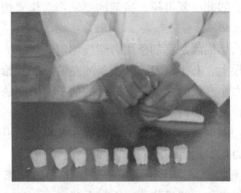

图4－4　下剂

摘剂、挖剂、拉剂、切剂、剁剂等。

　　①摘剂：摘剂又称揪剂。这种技法主要用于水饺、蒸饺等较细的剂条。方法是：左手握住搓好的剂条（不能握得太紧，防止压扁剂条），让剂条从左手虎口处露出坯子大小的截面，右手大拇指和食指捏住，顺势用力揪下1个。每揪1次，剂条翻一次身，这是因为剂条性软，剂条握住手中，无论用力如何轻，剂条也会扁一些，翻一个身，即可恢复原形，这样揪下的剂子比较圆整、均匀。摘剂的要领：左手不能用力过大，揪下1个剂子后，左手将剂条转90°然后再揪。

　　②挖剂：挖剂又称铲剂，多用于较粗的剂条。这种方法适用于剂量较大的品种，如大包、馒头、烧饼等。方法是：搓条后，剂条放在案板上，左手按住，右手四指弯曲成铲形，从剂条下面伸入，四指向上一挖，就挖出1个剂子。然后把左手向左移动，让出1个剂子截面，右手再挖，1个1个挖完。挖剂的要领：右手在挖剂时用力要猛，要使截面整齐、利落。

　　③拉剂：多用于较为稀软的面坯，因面坯较软，不宜将剂条拿在手中下剂。方法是：左手按住剂条，右手五指抓住剂子，用

力拉下 1 个，如此反复再拉。拉剂的要领：动作要快、猛，避免粘连。

④切剂：切剂就是将剂条用刀切成均匀的剂子。方法是：将剂条放在案板上，右手拿刀，从剂条的左边一头开始，切时左手配合，切成大小一致的面剂。如圆酥的剂子。切剂的要领：下刀准确，刀要锋利，切剂后剂子截面成圆形。

⑤剁剂：剁剂就是将搓好的剂条放在案板上，根据品种要求的大小，用力均匀地将剂子剁下，如花卷、馒头等。

（2）下剂的要求。无论采用哪种下剂手法，都要求剂子大小均匀，质量一致，剂口利落，不带毛茬。

4. 制皮

（1）制皮的手法。制皮（图 4 - 5）就是将剂子制成薄片的过程。面点制作中有很多品种都需要制皮，制皮技术性较强，操作方法较为复杂。制皮质量的好坏直接影响着包捏和点心的成型。由于各类品种的要求不同，制皮方法也有所不同。常用的方法有按皮、拍皮、擀皮、捏皮、摊皮和压皮等。

图 4 - 5　制皮

①按皮：按皮较为简单，方法是：将下好的剂子，截面向上，用手掌根将其按扁，再按成边薄中间厚的圆形皮。如制作包子皮，

按时手掌根用力要重。按皮的要领：按皮时必须用掌根按，否则按得不平不圆。

②拍皮：就是将摘好的面剂截面向上，用右手先撤压一下，然后用手掌沿着剂子周围着力拍，边拍边顺时针方向转动皮子，将剂子拍成中间厚、四周薄的圆形皮子。拍皮的要领：拍皮时用手掌着力，边拍皮子手掌边转动，否则，皮子不圆整。

③擀皮：擀皮是应用最广的制皮方法，操作技术性强，必须借助于各种工具，要求较高。根据使用工具的不同及点心要求，擀皮的方法有许多种。常用的制皮工具有单手杖、双手杖、橄榄杖等，它们分别用于水饺皮、蒸饺皮、烧卖皮等的制作。

饺子皮擀法　先把面剂按成扁圆形，左手的大拇指、食指、中指捏住左边皮边，放在案板上，右手持擀面杖，压住右边皮的1/3处，推压面杖，不断前后转动，转动时要用力均匀，这样就能擀成中间稍厚、四边薄的圆形皮子。此法适用于制作水饺、蒸饺等品种。双手杖就是用双手按在双面杖上擀皮的一种方法，所用的面杖有两根，操作时先把剂子按扁，以双手按双面杖，向前后擀动。双手杖擀的效率比单手杖高出1倍左右，但其擀制的难度较高，主要适用于制作烫面饺，也适用于擀制水饺、蒸饺皮等。饺子皮的擀制要领：用单手杖擀制饺子皮时要注意左右手的配合和协调，使皮子成中间稍厚、边缘薄的圆形。用双手杖擀制饺子皮时要注意双手用力均匀，两根面杖要平行靠拢，勿使其分开，擀出去时应右手稍用力，往回擀时应左手稍用力，这样，皮子就会擀转成圆形，要注意面杖的着力点。

烧卖皮擀法　要求形似荷叶，中间略厚，圆形，饮食业称其为"荷叶边、金钱底"。操作时把剂子按扁按圆，放在案板上，左手按住橄榄杖的左端，右手按住橄榄杖的右端，双手配合擀制。擀时，着力点要放在边上，右手用力推动，边擀边转（向同一方向转动），使皮子随之转动，并形成波浪纹的荷叶边形。烧卖皮的擀制要领：掌握着力点的位置，右手用力推动，左手配合使皮子随之转动成圆形的荷叶边，擀制时用力均匀，不能将皮子边擀破。

馄饨皮擀法　大块面团，使用大擀面杖擀制。具体方法是：用擀面杖压在面团上，向四周均匀擀开，然后把面皮包卷在面杖上，双手掌根压面，向前推滚，每滚 1 次，面团就变大变薄 1 次，把它打开，撒上生粉，防止粘连，再包卷起来，继续向前推滚。这样推滚、打开、撒生粉、卷起、继续推滚，直至面团擀成又薄又匀的大片为止。然后叠成数层，用刀切成梯形或方形的小块，即成馄饨皮。这种擀制法也适用于制作其他点心，如面条、巧果、萨其马等。馄饨皮的擀制要领：擀制大块面团，首先要将面团搓压成长方形的面坯，再用擀面杖在表面用力压擀成大的面坯，用力要均匀，不能将皮子擀破，擀制时生粉要少撒，动作迅速以防皮子干裂。

④捏皮：它适用于米粉面主坯，可制作麻球等品种。捏皮方法是：将剂子用手揉匀搓圆，再用双手手指捏成碗状，包馅收口，称"捏窝"。捏皮的要领：要用手将面坯反复捏匀，使其不致裂开而无法包馅。

⑤摊皮：摊皮是一种较为特殊的制皮方法，主要用于制春卷皮。制春卷皮的面团，是稀软的面团，拿起要往下流，所以，必须用摊皮的方法。方法是：将平锅置于中小火上，锅内抹少许油，右手持柔软下流的面团不停地抖动（防止下流），顺势向锅内一摊，锅上就被粘上一张圆皮，等锅上的皮受热成熟，面皮边缘略有翘起，即可取下，再摊第二张。摊皮的要领：要掌握好火候的大小，动作要连贯，所用锅一定要洁净，并适量抹油。摊皮的要求：皮子形圆，厚薄均匀，无沙眼，大小一致。

⑥压皮：压皮也是一种特殊的制皮的方法，主要用于澄面点心的制皮。压皮方法是：将剂子按在案板上，用手略揿，案上抹

少许油，右手持刀，将刀平压在剂子上，左手按住刀面，向前旋压，将剂子压成圆皮。压皮的要领：右手持刀压皮时用力均匀，否则，皮子不圆。

（2）制皮的要领。制皮的要求：圆整、平展，四边较薄，中间稍厚，大小一致。

二、机器成型

随着现代科学技术的进步和发展，机器将逐渐代替手工操作，饮食业用的机械越来越多。目前，用于面点成型的机器主要有饺子机、面条机、制饼机、馒头机、酥皮机等。

1. 饺子机

饺子机适合大中型食品厂生产速冻水饺。有大小型号区分，具有速度快、效率高的特点。使用时必须注意安全，按章规范操作。否则制出的成品不合格，影响质量和效益。

2. 面条机

压面机又称压面条机，有手工和电动两种。多用于面条的加工生产，使用很广泛，是中式面点运用较早的机械，从百姓家庭到面条加工厂都可以看见其身影。

压面机由压面和切条两个工作部组成，制作面条的程序是先把面粉加水或添加辅料，拌和成颗粒状，装入用压面机反复压制成紧实地面片状，然后，再装上滚切刀滚切成面条。使用压面机操作时必须遵守操作规程、规范，集中注意力，以免发生意外事故。

3. 制饼机

制饼机是用电将转动的滚子加热，再把事先和好的面坯放入滚轮上，通过加热的滚轮转动、压薄，制出成型成熟的饼。制饼机是近些年上市的新品种，其特点是效率高，省时省力，制品质量稳定，适用于筋饼、油饼的制作。

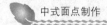

4. 馒头机

馒头机 1 小时能生产出 50～100kg 面粉的馒头，约 500 个。机制馒头比手工制出的馒头质量好，且速度快、大小一致。由于机械揉出的剂子比手揉的紧密、均匀、透彻，所以，制出的馒头比手工制出的馒头白净、有劲，产品很受欢迎。目前，使用馒头机的单位比较多，但是必须注意安全操作、正确使用，并加强维修与保养。

5. 酥皮机

酥皮机又称开酥机、起酥机等，多用于层酥面坯的制皮、开酥，也可用于发酵面坯的压制均匀，替代擀制。具有降低劳动强度、提高工作效率、质量好的特点。虽然行业中使用历史不久，但是发展较快。酥皮机的使用要按规章操作，根据制品要求适当调整制皮的厚度，送坯皮时要注意安全。

第四节　水调面坯成熟

产品成熟是利用加热的方法使制品生坯成熟的一道工序。在日常生活中，大多数面点制品的形态、特点基本上都在熟制前一次或多次定型，熟制中除了部分品种在体积上略有增大、色泽上有所改变外，基本上没有什么"形"的变化。产品成熟方法包括蒸、煮、炸、煎、烙和烤等多种。其中，水调面坯成熟的方法主要有煮、烙、煎、炸。

一、煮

煮是将面点半成品或生坯料投入水锅内，利用水传热对流作用，使制品成熟的一种方法。

煮是以水为传热介质来使面点制品成熟的。在标准大气压下，面点生坯料或半成品在 100℃ 左右的沸水中，通过对流方式，由表及里的受热使之变性成熟。由于大多数面点生坯放入水中煮后都具有热变性和被水解的特性，因此，一般常采用沸水煮的方法以便尽量缩短其在水中受热的时间，并使之迅速成熟，降低水解度。

根据面点成品特点可分为出水煮和带水煮2种。

1. 出水煮

出水煮主要运用于面点半成品的成熟，如面条、水饺（图4－6）等。出水煮的主要特点是：成品吃口爽滑，能保持原料的软韧风味；有利于除去部分半成品内添加物的异味，如碱味、盐味等；也有利于灵活变化口味特色，适用性较广。

图4－6　出水煮水饺

（1）出水煮的一般工艺流程。沸水→加热→下坯→加热→点水（1次或几次）→调节水温→浮起成熟。

（2）出水煮的操作要领。

①水沸下锅，防止水解：一般先要把水烧沸，然后才能下生坯。沸水易使生坯迅速受热，快速成熟，形成特色，缩短时间，避免生坯大量水解。

②水量要大，下坯数量恰当：出水煮的用水量多少，关系到

水温的保持和生坯的受温。水量多，生坯下锅后的温度变化相对较小；水量少时，生坯下锅后的温度变化就大，不利于成熟。下锅的生坯数量按照水的多少适当掌握，以使生坯在水中有翻动的余地，使之受热均匀，具备成熟的良好条件。

③水要沸而不腾，保证成品质量：生坯下锅烧沸后，火力不能减小，否则成品口感不爽，质量降低。但如火力继续保持旺盛，水会不断翻腾，面点制品也随之翻腾，易使制品出现漏皮、漏卤现象。因此，水沸后，要保持水沸而不腾是关键。应采用"点水"方法，即在水沸后加入少许冷水。"点水"不但能加快制品成熟，而且能使糊化后的制品突然遇冷，形成光亮有筋的表面。一般来说，每煮一锅，要点3次水，特别是带馅制品，尤其要求如此。

④鉴定成熟，及时起锅：煮制面点应及时鉴定面点是否成熟，一旦成品完全成熟，应立即出锅。过分的煮烧，会影响成品的造型、口味。如面条过分烧煮将会导致烂烂，水饺将会破裂、露馅。但也不能过早出锅，以免夹生。

2. 带水煮

带水煮主要是指将原料按成品的要求与清水或汤汁一同放入锅内煮制的一种成熟方法。其主要特点是：汤汁入味，质地浓厚，有利于突出原料的风味，使主料和辅料的各种口味融为一体。带水煮主要用于原汤汁品种成熟，也有用于复加热品种成熟。如馄饨、高汤水饺（图4-7）等。

（1）带水煮的一般工艺流程。生料或半成品→加入汤水→入锅→加热→调味→成熟。

（2）带水煮的操作要领。

①根据制品特点，确定水煮方法：带水煮比出水煮复杂。有先煮汤汁，在下主配料的；也有先将水烧开，再下主配料的；还有将汤汁、水连同主配料一起或分步骤放入锅中煮的。具体操作

图 4 – 7　高汤水饺

时必须根据原料的特点和产品的要求，确定水煮的方法。

　　②灵活掌握火候：带水煮火候要求千变万化。如原料及汤水冷水下锅的，一般先用大火烧开，再用小火焖制熟烂；而开水下锅的，一半则要求使用大火。

　　③用水适量，恰到好处：带水煮必须掌握水的用量。水放多了，则味道不醇厚；水放少了，则失去了带水煮的特有风味。

二、烙

　　烙是利用金属转热时制品成熟的一种方法。烙是靠锅底的热量成熟的，所以，锅底的受热程度将直接影响制品的质量。常见用烙的成熟方法的品种有：大饼、薄饼、春饼、家常饼。

　　烙分为干烙、加油烙和加水烙 3 种。

　　1. 干烙

　　干烙是空锅架火，载底部加温使金属受热，不刷油、不洒水、不调味，使制品的正反两面直接与受热的金属接触而成熟的一种方法。干烙的制品不宜太厚，否则内部难以成熟；火力不宜太大。在干烙成熟某一制品后，一定要用潮湿干净抹布擦拭铁锅，以保持清洁并相应地降低温度，否则，会影响后面干烙制品的质量。

2. 油烙

油烙的烙制方法与干烙基本相似，不同的是在烙制之前要在锅上刷上适量的油。这样，可使制品金黄色美、外焦里嫩、酥香可口、酥脆松软。

3. 加水烙

水烙是利用平锅和锅内的蒸汽传导热量使制品成熟的一种方法。烙之前在平锅上淋少许油，再将生坯置于锅内烙制，待着色之后再撒入适量的水，使水变成蒸汽后盖上锅盖焖熟。加水烙的品种，即焦脆又松软，口感较佳。

三、煎

煎是指投入少量的油在锅中，利用金属传导，沸油为媒介进行加热，使生坯成熟的方法。热传递方式主要通过对流和导热两种作用。煎锅大多用平底锅，用油量多少要根据制品的不同要求而定。一般用油量以锅底平抹薄薄一层油为限。有的品种需要油量较多，但以不超过制品厚度 1/2 为宜。

煎制面点的特点是部分软嫩，部分焦香，部分色泽油亮，部分底色焦黄，能保持点心成品中心的湿度，使用范围较广，适用于任何一种类型的点心。

根据不同品种的需要，煎制大致分为 4 种：油煎、水油煎、煎炸、蒸煎。

1. 油煎法

将平底锅烧热加入油，将油均匀地布满锅底，投入生坯，先将一面煎至金黄色，再翻身煎另一面，煎制两面呈金黄色，内外四周都熟透为止（图 4-8）。煎时应注意火不能太大，中火至中小火为宜，油温控制在六成。放生坯时，要先从周边向中间放。

煎的过程中，应经常转动锅位，以使四周受热均匀，一般不需要加盖，煎的时间要比炸略长一点。油煎具有外酥脆、内细嫩的特点。

图 4 – 8　油煎饼

　　无馅的油煎制品从生到熟都不盖锅盖，因制品紧贴锅底，既受锅底传热，又受油温传热，与火候的关系很大，切不可过急，否则，容易外焦里生，若火太大，表面颜色虽然到位了，中间却还是生的，要等到煎全熟，表面必然要焦煳的。

　　包馅油煎法制品，煎的温度要稍高一些，因为，大多数制品馅心都是生的，所以，在煎的时候，要先用中火将两面的生肉都煎干，再用慢火煎，将整个煎熟为止。

　　2. 水油煎

　　水油煎也属于生煎的一种。其方法是先将平底锅洗净，吸干水分烧热锅，先在锅底上刷一层油，烧热再将生坯放入，稍煎一会儿，即向锅内加入清水（以浸过生坯一半为宜），盖上盖，使生坯在水蒸气中焖熟。既可分几次加水焖煎，也可以先将生坯焖煎至完全成熟后倒出部分水，再加入生油一同煎，煎至水分干，油吱吱作响，底部焦黄时即可出锅。水油煎时煎锅一定要干净，先热锅再刷油，宜中火，加水要加盖，并要经常移动锅位，使四面均匀受热。此法多用于锅贴、饺子及生煎包。

3. 煎炸法

煎炸与油煎相似，只不过在煎的基础上多了炸这道工序，行内称这种方法为半煎半炸法。这一类点心先煎至底、面着色，再适当加入油，浸到点心的半腰部位，半煎炸至成品外脆里软。代表作如四宝慈菇饼、脆香煎馅饼。半煎炸需要注意的是油温的控制，这才能保证成品的色泽、口感。例如，绿茶甜薄饼，制作过程是先将生坯投入有底油的煎锅中，先用中火煎，凝固后翻一面稍煎，再倒入适量生油，使生油半淹过薄饼，用慢火煎到薄饼上色；干时取出，快速撒上馅料，卷起切件。在这里要强调的是油的用量一定要掌握好，油太少了，薄饼就不会酥脆；油太多了，就没法将薄饼卷成想要的形状，会使其破裂，影响美观。

4. 蒸煎法

这一类点心一般都是先将制品蒸制 3~4 分钟，待其晾冷后，煎至两面上色，使成品增加香味，如腊味萝卜糕、四川煎饺、香煎锅贴饺等，其特点是：表面洁白软滑，底部金黄酥脆，口味鲜嫩可口。

四、炸

炸（图 4-9）是以油为传热介质的一种成熟方法。操作时将半成品投入温度较高、油量较高的锅中，利用油脂的热对流作用使制品成熟。因为，油脂能耐 250℃ 以上的高温，所以，炸制品具有色泽亮、洁，口味香、松、酥、脆等特点。

1. 炸制的一般操作程序

根据油温高低，炸制的方法一般分为热油炸和温油炸 2 种，其操作程序如下。

图4-9　炸

温油炸：油锅升温→下坯→温油→养坯→基本成熟→升温→成品成熟出锅。

热油炸：油锅升温→下坯→加热→快速翻炸→成熟→成品出锅。

2. 炸制的基本要领

（1）正确选择油脂。炸以油脂为导热介质。油脂品种很多，各种油脂的性质也不一样。因此，炸制时，需根据制品要求正确选择油脂。选用时，一般以植物油为主，不用或少用动物油，因动物油脂中含有丰富的磷脂，加热后颜色容易变身发黑，是成品色泽不美观。植物油尤其是精制油，其杂质少、无异味，发烟点低，较耐高温，其色泽较浅，是比较理想的油脂。但不管选用任何油脂，油质必须清洁纯净，不能有杂质和水分，否则，会影响面点质量。如选择精制油以外的植物油，则先要熬制使其变熟，去除其自身的异味才能使用。

（2）油量要多。炸制法要求油量多，制品不但要全部浸没在油中，而且要求制品在油中有较大的活动余地。在采用温油炸时，因面点生坯质地较松软，如果油量不多而易碎。用热油炸时由于油温高、成熟速度快，有的面点还要膨胀，体积增大，若油量少，则会造成成品呈现鸳鸯面，色泽不均，成熟度不一致，严重影响了质量。

（3）适当控制火候。火力的大小决定了油温的高低，火大油温升高速度快，小火油温升高速度慢。如果火过大，油温升得太高，就很难下降，会造成制品的焦化。因此，再炸制面点时，要根据成品要求适当控制火候，宁可延长油温升高的时间（开中火）也不要使油温过高，以防面点焦煳而影响质量。一般情况下，火力先可稍大，待油温升至所需温度时，将火力转小。

（4）正确掌握油温。炸制生坯时一般都把油加热到150℃以上，有的甚至到200℃左右。这样才能使面制品的外壳迅速凝结，形成香、松、酥、脆的风味。如下锅时油温过低，会使制品色泽发白，软而不脆，并且会延长成熟时间，使成品僵硬不松，影响口感和口味。但油温过高则会造成外焦里不熟。因此，油温的运用要根据品种不同的需要，区别对待。

（5）适当掌握加热时间。炸制面点时，为了保证成品的质量，必须根据品种形状的特点、油量的多少、火力的大小、油温的高低，恰当掌握加热时间。若炸制时间过长，则成品色泽深，制品易焦煳；时间过短，则成品色淡，含油重，不起酥甚至夹生。只有充分掌握品种、油量、火力、油温等各方面因素，才能使成熟恰到好处。

（6）用油清洁。用于炸制的油脂必须清洁无杂质，如果油脂不清，则会影响热的传导，并污染生坯，影响成品的色泽和质量。

另外，油在高温下反复加热后，内部会产生一系列的变化，各种营养物质遭到极大破坏，甚至会产生大量致癌物质，如长期食用这些油炸食品，就会对身体产生严重危害。因此，炸油不能反复使用。

（7）熟练掌握炸制技术。炸制是以油为导热介质，温度较高，危险性较大。若操作时稍有不慎，后果不堪设想。因此，在操作时，注意力要集中，善于观察变化中的工艺过程，手法轻重、快慢适当，确保成品色泽和质量一致，避免发生人身伤害和质量事故。

第五节　水调面制作实例

一、龙抄手

龙抄手，见图 4 – 10 所示。

图 4 – 10　龙抄手

原料：面粉 250g，鸡蛋 2 个，猪肉 250g，生姜汁 100g，精盐 8g，胡椒粉 5g，味精 3g，香油 15g。

制作流程：

1. 馅心调制

将猪肉洗净、剁碎放入盆中，加入精盐、味精、胡椒粉、鸡蛋 1 个、生姜汁一起搅打上劲，最后加入香油拌匀备用。

2. 面团调制

取面粉 250g，加清水 70g、鸡蛋 1 个和匀后，揉和成光滑的面团，静置 20 分钟即可。

3. 生坯成型

制皮：将面团擀制成 0.05cm 的薄片后，再切成 7.5cm 见方的面皮约 100 张即可。

包馅成型。取面皮包入馅心 4g，先捏成三角形，再将两角交叉黏合在一起，捏成馄饨形即可。

4. 熟制

将制品生坯放入沸水锅中，煮至上浮时捞出，装入盛有调味料的热汤碗中即成。

成熟方法：煮。

成品特点：皮薄馅嫩，味鲜爽口。

注意事项：

（1）面团软硬。面团软硬要适宜；面皮擀制的厚薄要均匀一致。

（2）抄手熟制。抄手熟制时，不宜多煮，以断生为好。

（3）龙抄手原汤。

①原料组配：鸡肉、猪棒小骨、肘子、肚子各适量。

②制作程序：将上述原料放入水锅中，用大火烧开后，再用小火煨制，当汤汁浓白时即可。

二、三杖饼

三杖饼，见图 4－11 所示。

原料：面粉 500g，猪油 60g，温水 300g。

制作流程：

1. 面团调制

取面粉放入案板上，加入猪油 60g、温水约和成较软的面

图4-11 三杖饼

团，静置20分钟待用。

2. 生坯成型

将面团搓条后，揪成每个重50g的剂子，用手稍拉长后，摔在案板上拉长并叠起为两层，再从剂子的一头卷盘起来呈螺旋状圆饼，稍静置后待用；将面剂用手掌压成椭圆形横放在案板上，开始擀制。第一杖擀制时，用面杖压住饼的右侧中间，从第一杖的起点向左前方推擀成半弯月形；第二杖擀制仍沿着饼的右侧中间，从第一杖起点向左后方擀成半月形；第三杖擀制时，把剩余的饼片搭在面杖上拎起，待饼片落到案上之前的一瞬间，两手握紧面杖，顺势向后迅速拉擀成椭圆形即可。

3. 熟制

将平锅烧热，再将椭圆形饼片的右侧中部搭在面杖上，向上拎起，顺势放在平锅上，使饼片自然成圆形。待饼两面烙成麻花状取出，叠成扇形即成（食用时配上葱丝、甜面酱等即可）。

成熟方法：烙。

成品特点：饼薄如纸，质地柔韧，口感香爽。

注意事项：

（1）面团软硬。面团软硬要适当；和面时，面团要揉匀揉透。

（2）擀制。擀制时，要掌握好每杖的要点，注意用力均匀，动作要正确无误。

（3）烙制。烙制时火力应均匀，饼不能烙得太干。

三、韭香锅贴

韭香锅贴，见图4-12所示。

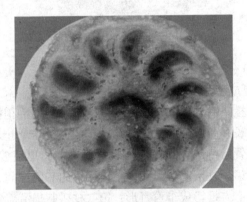

图4-12　韭香锅贴

原料：面粉250g，沸水110mL，冷水20mL。

配料：韭菜150g，鸡蛋3只，粉丝100g，盐20g，味精10g，熟猪油40g，麻油20mL。

制作流程：

1. 馅心调制

将韭菜洗净切碎，加入盐后稍腌，挤干水分；粉丝泡软剁碎；将鸡蛋液打入碗中，加盐搅匀后倒入锅中炒熟；将韭菜粒、粉丝、碎鸡蛋、熟猪油、麻油拌匀即成。

2. 面团调制

将面粉倒在案板上，在面粉中间扒一塘，加入沸水先调成雪花面，再淋上冷水调成光滑的面团。

3. 生坯成型

将面团搓成长条，摘成剂子，用饺杆擀成饺皮左手握皮，右手用竹刮塌上馅，放在左手虎口上，将皮边捏拢，捏出皱褶，成月牙形。

4. 生坯熟制

将生坯放入洗净烘干刷过油的平底锅中，分次加入热水煎熟，倒入用面粉和水调成的浆，将锅贴底部煎成金黄色即可。

成熟方法：煎。

成品特点：底部色泽金黄，底脆里嫩，韭香浓郁，口味鲜美。

四、南乳排叉

南乳排叉，见图4-13所示。

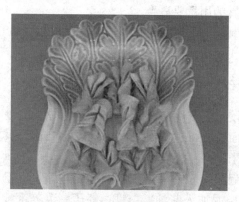

图4-13　南乳排叉

原料：面粉250g，南味腐乳1块，盐2.5g，胡椒粉1g，芝麻20g，麻油5mL，玉米淀粉100g，沸水150mL。

配料：色拉油1 000mL。

制作流程：

1. 面团调制

将面粉放在案板上扒一个塘，加入南乳、盐、胡椒粉、芝麻、沸水调成面团，稍饧。

2. 生坯成型

将面团分坯后，取一只坯子擀成长方形薄皮，刷上一层麻油，撒上淀粉，再擀薄，反复擀叠 2 次，最后擀成很薄的皮，改刀成条，切成段，在每段上顺长划 3 刀，沿中间划缝对掏成排叉坯。

3. 生坯熟制

将生坯放入 140℃的油锅中炸呈淡黄即可。

成熟方法：炸。

成品特点：色泽金黄、香脆可口、乳香味浓。

注意事项：

（1）南乳的用量要适当。

（2）炸制时的油温要控制好，一般为 120~150℃。

（3）坯皮要擀薄。

五、月牙蒸饺

月牙蒸饺，见图 4-14 所示。

原料：面粉 250g，鲜肉泥 400g，酱油 75g，白糖 30g，葱姜米少许，虾子少许，盐、味精适量。

制作流程：

（1）鲜肉泥加入酱油、白糖、虾子、葱姜米搅拌入味，然后分 2 次加入清水 100g，顺一个方向搅拌上劲，成鲜肉馅待用。

（2）面粉倒入案板，中间扒个小塘，倒入温水 200g，和成温水面团，稍放置一下，搓成长条，摘成 30 只小剂，撒上干粉，逐个按扁。

图 4 – 14　月牙蒸饺

（3）用饺擀擀成 7cm 直径，中间厚四周稍薄的圆皮。左手托皮，右手用竹刮子刮入适量馅心，成一长枣核形，将皮子分成四、六开，面向自己的一面稍高。

（4）用左手大拇指弯起，用指关节顶住皮子的四成部位，以左手的食指顺长捏住皮子的六成部位，以左手的中指放在拇指与食指的是间稍下点的部位，托位饺子生坯，再用右手的食指和拇指将六成皮子边捏出瓦楞式褶 12 个，捏合成月牙形生饺坯。

（5）上笼置旺火沸水锅蒸约 10 分钟，成品鼓起不粘手即可。

成熟方法：蒸。

成品特点：饺子形似月牙弯，不倒边不翘角落，造型美观，皮薄馅多，咸鲜口味。

六、翡翠烧卖

翡翠烧卖，见图 4 – 15 所示。

原料：面粉 400g，沸水 120g，冷水 50g。

配料：青菜 300g，盐、白糖适量。

制作流程：

图 4 – 15　翡翠烧卖

（1）将青菜叶择洗干净，放入沸水锅内，焯至三成熟后捞出，用冷水清洗，凉透后捞出控净水，剁碎放入盆内，撒上精盐、绵白糖搅拌，加熟猪油拌匀即成馅心备用。

（2）取面粉放入案板上，加入沸水搅拌成半熟面，等热气散尽后再撒上冷水揉匀揉透成团。

（3）面粉少许撒在案板上，放上面团搓成长条下剂子，拍扁，用长约23cm的橄榄形擀面杖将其制成中间稍厚、边缘较薄、有褶纹并略凸起呈荷叶形的皮子。

（4）左手托起面皮，挑馅心35g抹在面皮中间，随即五指合拢包住馅心，五指顶在烧卖坯的1/4处捏住，让馅心微露，再将烧卖在手心转动一下位置，以大拇指与食指捏住"颈口"，并在烧卖坯口上点缀少许火腿末。

（5）放入蒸笼内，旺火蒸约6分钟即成。面皮不粘手时即熟。

成熟方法：蒸。

成品特点：皮薄馅绿，色如翡翠，形似花朵，甜润清香。

注意事项：

（1）烫青菜叶的沸水中要加入食碱，以保持菜色碧绿。

（2）和面团时要揉匀揉透，待表面光滑时静饧一会儿。

（3）烧面生坯要用沸水旺火速蒸，蒸至面皮不粘手、表面有弹性时为佳。

第五章 膨松面品种制作

第一节 膨松面坯概念与特点

膨松面坯主要包括生物蓬松面坯、化学膨松面坯和物理膨松面坯。

一、生物膨松面坯

1. 生物膨松面坯的概念

生物膨松面坯是指在面坯中引入酵母菌（或面肥），酵母菌在适当的温度、湿度等外界条件和淀粉酶的作用下，发生生物化学反应，使面坯中充满气体，形成均匀、细密的海绵状组织结构。行业中常常称其为发面、发酵面或酵母膨松面坯。

2. 生物膨松面坯的特点

生物膨松面坯具有色泽洁白、体积疏松膨大、质地细密暄软、组织结构呈海绵状、成品味道香醇适口的特点。代表品种有各式馒头、花卷、包子（图5-1）。

二、化学膨松面坯

1. 化学膨松面坯的概念

面坯利用化学膨松剂的产气性而胀大松软，被称为化学膨松面坯。在实际工作中，化学膨松面坯中往往还要添加一些辅料，如油、糖、蛋、乳等，使成品风味更有特色。

图5-1 生物膨松面品种

2. 化学膨松面坯的特点

化学膨松面坯体积疏松多孔，呈蜂窝或海绵状组织结构。其成品呈蜂窝状组织结构的面坯，成品色泽淡黄至棕红，口感酥脆浓香［图5-2（a）］；呈海绵状组织结构的面坯，色泽洁白至浅黄，口感暄软清香［图5-2（b）］。化学膨松面坯代表品种有桃酥、开口笑、各式曲奇饼干和油条、马拉糕等。

（a）蜂窝状   （b）海绵状

图5-2 化学膨松面品种

三、物理膨松面坯

1. 物理膨松面坯的概念

物理膨松面坯是指面坯中使用具有胶体性质的蛋清作介质，利用高速调搅的物理运动使蛋液裹进空气，并通过空气受热膨胀的性质使其膨松的面坯。行业中也称为蛋泡面坯。

2. 物理膨松面坯的特点

物理膨松面坯具有色泽淡黄、体积疏松膨大、质地细密暄软、结构均匀多孔、呈海绵状组织结构、成品蛋香浓郁的特性。代表品种有各式蛋糕（图5－3）。

图5－3　物理膨松面品种

第二节　膨松面坯调制

一、生物膨松面坯调制

1. 生物膨松面坯调制方法

生物膨松面坯是中式面点工艺中应用最广泛的一类大众化面

坯，全国各地根据本地区的情况，均有自己习惯的工艺方法，各地料单略有不同。下面介绍两种常见的调制方法。

（1）活性干酵母调制。将10g干酵母溶于200g 30℃的水中，与15g白糖、1 000g面粉混合，再加入300g水和成面坯，盖上一块干净的湿布，静置饧发，直接发酵。

在餐饮行业，有一些面点师根据经验，摸索出一种生物和化学交叉的方法使面坯膨松，用这种方法发酵面坯，时间短、发酵快、质量好。

（2）酵母—发酵粉交叉膨松。面粉500g加入活性干酵母5g，与发酵粉（泡打粉）15g、白糖20g、清水225～250g一起揉匀揉透和成面坯。常温下无须饧发，可直接下剂成型，但熟制前应静置饧发。

2. 生物膨松面坯调制要领

（1）掌握酵母与面粉的比例。酵母的数量以占面粉数量的1%左右为宜。

（2）严格控制糖的用量。适量的糖可以为酵母菌的繁殖提供养分，促进面坯发酵。但糖的用量不能太多，因为，糖的渗透压作用会使酵母细胞壁破裂，妨碍酵母菌繁殖，从而影响发酵。

（3）适当调节水与面粉的比例。含水量多的软面坯，产气性好，持气性差；含水量少的硬面坯，持气性好，产气性差。所以，面与水的比例以2∶1为宜。

（4）根据气候，采用合适的水温。和面时，水的温度对面坯的发酵影响很大，水温太低或太高都会影响面坯的发酵。冬季发酵面坯，可将水温适当提高，而夏天则应该使用凉水。

（5）根据气候，注意环境温度的调节。35℃左右是酵母菌发酵的理想温度。温度太低，酵母菌繁殖困难；温度太高，不仅会促使酶的活性加强，使面坯的持气性变差，而且有利于乳酸菌、醋酸菌的繁殖，使制品酸性加重。

（6）保证饧发时间。面坯饧发有两层含义，其一是面坯初步调制完成后的静置饧发；其二是面坯成型工艺完成后，也需要在适当的温度和湿度条件下静置一段时间。实践中人们往往十分重视面坯初步调制完成后的饧发，而忽视成型工艺后的饧发，因此，造成制成品塌陷、色暗，出现"死面块"和制品萎缩的现象。

二、化学膨松面坯调制

1. 化学膨松面坯调制方法

发酵粉类面坯工艺：将相应比例的面粉与化学膨松剂（如发酵粉、碳酸氢铵、碳酸氢钠）一起过罗，倒在案子上开成窝形，将其他辅料（油、糖、蛋、乳、水）按投料要求放入窝内，用手掌将辅料混合擦均匀，再拨入面粉，用复叠法和成面坯。

由于这类面坯含油、糖、蛋较多，且具有疏松、酥脆、不分层的特点，因而，行业里又称其为"单酥"或"硬酥"。手工调制这类面坯时必须采用复叠的工艺手法，因为揉搓会使面坯上劲、澥油，从而影响产品品质。

2. 化学膨松面坯调制要领

（1）准确掌握各种化学膨松剂的用量。小苏打的用量一般为面粉的 $1\% \sim 2\%$，臭粉的用量为面粉的 $0.5\% \sim 1\%$，发酵粉可按其性质和使用要求按 $3\% \sim 5\%$ 掌握用量。

（2）调制面坯时，如化学膨松剂需用水溶解，应使用凉水化开，避免使用热水，因为，化学膨松剂受热会分解出部分二氧化碳，从而降低膨松效果。

（3）手工调制化学膨松面坯，必须采用复叠的工艺手法。

（4）和面时，要将面坯和匀、和透，否则，化学膨松剂分布不匀，成品易带有斑点，影响质量。

三、物理膨松面坯调制

1. 物理膨松面坯调制方法

物理膨松面坯分传统工艺法和乳化剂法 2 种。

（1）传统工艺法。洗净打蛋容器及蛋抽子。按比例将蛋液、白糖放入容器中，用机器（或蛋抽子）高速搅打蛋液约 30 分钟，使之互溶，成为均匀乳化的白色泡沫状，直至蛋液中充满气体且体积增至原来体积的 3 倍以上时，即成蛋泡糊。面粉过罗，倒入蛋泡糊拌均匀，即成蛋泡面坯。

（2）乳化剂法。将一定比例的蛋液、白糖、蛋糕乳化油放入打蛋桶内拌匀，再加入面粉拌匀，开动机器（或用蛋抽子）抽打。正常室温条件下，抽打 7~8 分钟，即成蛋泡面坯。

使用蛋糕乳化油制作蛋泡面坯，其工艺更简单、效率更高，成品具有细密、膨松、色白、胀发性强、质量稳定的特点。

2. 物理膨松面坯调制要领

（1）选用新鲜鸡蛋，因为，新鲜鸡蛋通常含氮物质高、灰分少，胶体溶液浓稠度强，包裹和保持气体能力强。

（2）面粉必须过罗，防止面坯有生粉粒。

（3）抽打蛋液时必须始终朝一个方向不停地抽打，直至蛋液呈乳白色浓稠的细泡沫状，以能立住筷子为准。

（4）所有工具、容器必须干净、干燥、无油渍。

（5）如采用传统工艺法，面粉拌入蛋液时，只能使用轻轻抄拌的方法，不能搅拌，且抄拌的时间不宜过长，否则，成品膨胀度差。

第三节　膨松面坯成型

膨松面坯成型包括手工成型和模具成型。

一、手工成型

膨松面坯手工成型方法包括擀、切、卷、揉搓、叠、镶嵌。

1. 擀

（1）概念。擀制法也是手工成型的一种，其作用与按制法相似，只是根据品种的性质和大小形状不同，当按制法达不到成型要求时，就需借助于擀面杖，将制品生坯压延成要求的形态。

（2）擀制办法。擀制法是将制品生坯用擀面杖擀压，使其均匀地向外伸展。擀制时既可用单杖，又可用双杖。

①单杖：单杖就是用一根擀面杖擀制，比较容易掌握力度，使用比较广泛。

②双杖：双杖就是用两根擀面杖同时擀制，擀制用力不易掌握，不过操作速度较快。擀制法能制成很多形态，需根据品种的特点和要求决定。推擀的次数也同样如此，例如，大油饼的操作，需先擀成大饼，抹上油或油酥，卷叠成层，收口后再擀成要求的厚薄和形态，在每次擀制时，都需推擀几次才能完成。

（3）擀制法操作注意事项。

①推擀用力要轻而灵活，前后左右要推擀一致，厚度要均匀。

②起层制品的擀制成型不能用力过大，以防将层次压死。

③面醭用量不能太多，且推擀次数越少越好，小型品种尽量一次推擀完成。

2. 切

（1）概念。切制法是以刀做工具，将坯料分割开使其成型的方法。

（2）切制方法。常见的方法有刀切面和一些小型酥点的成型工艺等。由于切法的用处不同，行刀技巧也不尽相同，所以，切制法的具体操作不能单一规定，需工作人员在日常工作中灵活掌握。不论什么品种的切制法成型握刀都要稳，下刀要准，成型均匀，不能出现连刀等现象。

此外，有些成熟后再成型的制品也需用切的方法，如果酱蛋糕卷、酥排等成熟后，需用刀切成小块，切时需落刀准、下刀快、收刀稳，以保证成品的棱角整齐。

（3）切制法操作注意事项。

①如右手持刀，则自左向右切制。

②以左手手指宽度为尺子，保证制品规格一致。

③切下的剂子应顺势一上一下摆放成两排，避免剂子粘连。

3. 卷

（1）概念。卷制法是面点成型中的重要方法之一，花色较多，它为各种成型准备了前提条件。例如，把面坯擀成大薄片，抹上油、撒上盐，卷成筒状，下剂子，可以做成有层次的花卷、千层卷等。又如，把面坯擀成大薄片，铺上一层带色的软馅（豆沙、枣泥、果酱等），卷成圆筒，切成段，即成为具有露出螺旋馅后的各式美观的饼，继而加工，可制成鸳鸯卷、蝴蝶卷、四喜卷等。再如，油酥面坯的包酥，也是由于卷的方法，才能形成有酥层的各种点心。

（2）卷制方法。卷制法又分为单卷法和双卷法2种。

①单卷法：单卷法是擀成面片，抹油后，从一头卷向另一头，卷成圆筒状，下剂，根据成品要求成型。

②双卷法：双卷法分为双对卷和双反卷2种。

双对卷　面坯擀成面片抹油或加馅后，从两头向中间对卷，卷到中心为止，两边要卷得平衡，变为双卷条，接着双手从两端向中间并条，使双卷靠得更紧一些。翻个，条缝朝下，再用双手顺条，达到粗细均匀时切成段，竖起，整理成型，蒸熟即成。

双反卷　面坯擀成面片后，平铺于案板上，其中，一半抹油或放馅，卷到中间翻身；另一半也抹油，或放馅再卷至中间，就成为一正一反的双卷条，切成段，竖起，整理成型蒸熟即成。

（3）卷制法操作注意事项。

①饼皮制作的厚薄与加放的物料要均匀。

②卷时要松紧适度，粗细一致，双卷成型，2个圆卷得要均衡。

③单卷的收边要压在卷的底部，以防成熟时散开。

4. 揉搓

（1）概念。揉搓法是面点成型的基本技术动作之一，也是比较常用的成型技法。分单手揉搓和双手揉搓两种方法，一般用于制作馒头、面包等。

（2）揉搓方法。

①单手揉搓：如搓馒头时取一只剂子，左手轻轻握住剂子，右手掌跟压住剂子一端底部，向前搓揉，使剂子头部变圆，剂尾揉进变小，最后剩下一点塞进底部，坯尾朝下立放在案板上即可。

②双手揉搓：双手揉搓是两手同取两只剂子，分别用掌根压住剂子，手指向内送入面坯，再用手掌向外搓揉，成圆圈运动。

这2种方法最终都是将面坯揉搓成表面光滑、质地紧密的光头形生坯，不但美观，吃时还略带甜味。

面包的搓圆是将面剂放在案板上，手呈凹形扣在面剂上，向同一方向转动滚圆，使面坯形成一层光滑的表皮。可单手操作，也可双手分别操作。

（3）揉搓制法注意事项。

①多搓揉透，使生坯表面光洁，没有裂纹和面褶，内部结构组织变得紧密，才能使加热成熟的制品柔润光洁。

②褶皱处揉搓得越小越好，坯尾朝下，摆放端正。

③揉搓后的制品要形态、大小一致，分量均匀。

5. 叠

（1）概念。叠制法是将剂子加工成薄片后，抹上油、浆料或馅心等，再折叠、覆盖的方法。

（2）叠制方法。折叠的形态和大小视品种的要求灵活掌握。叠制法也是很多品种成型的中间环节，在此基础上再进一步加工，可制成各种花色造型品种。使用叠制法时应注意，薄饼的加工要厚薄一致，折叠层次必须整齐。

（3）叠制法操作注意事项。

①面剂加工成的薄片要厚薄一致。

②面剂加工成的薄片要大小一致。

③面剂加工成的薄片要形态一致。

6. 镶嵌

（1）概念。镶嵌制法就是在经过加工的半成品表面或内部追加带有色彩的物料或半成品，从而达到美化制品作用的成型方法。

（2）镶嵌方法。镶嵌成型法又可分为直接镶嵌和间接镶嵌。

①直接镶嵌：直接镶嵌就是在加工成的半成品表面直接镶嵌上不同颜色的面点物料或加工成的小花、小叶等，如枣糕（图5－4）、四喜蒸饺、三花包等。

图5－4 枣糕

②间接镶嵌：间接镶嵌是把带有不同色彩的配料与主料混合在一起，使制品五颜六色，增加美观度，如白果年糕、夹沙糕、八宝饭等。

总之，镶嵌主要是起美化制品的作用，操作时，要根据制品的要求和各种配料的色泽、形状及食用者的要求而掌握，达到既能美化成品又可增加宴会气氛的目的。

（3）镶嵌制法操作注意事项。

①镶嵌原料与被镶嵌物形态、色彩、大小要协调。

②镶嵌原料嵌入被镶嵌物深浅要适当。

二、模具成型

模具成型是在面点制作成型过程中，运用某些特制的模具，使成品或成品成为某种固定形态的一种成型方法。这种成型法的特点是使用方便，便于操作，能保证成品或半成品规格一致，形态美观，适用于大批量生产。

1. 模具的种类

模具可根据需要刻制成多种多样的花纹图案，如常用的鸡心、核桃、梅花、佛手、花形、鸟形、蝴蝶、鱼、虾等。由于各种品种的成型要求不同，模具种类大致可分为四类：印模、套模、盒模、内模。

（1）印模。印模又称印版模，它是按成品的要求将所需的形态刻在木板上，制成模具，即印版模。把坯料放入印版模内，即可按压出与印版模一致的图形。这种印模的花样、图案、形状多种多样，常用的有月饼模、龙凤金团模、桃酥模子等。成型时一般常与包连用，并配合按的手法，如广式月饼制作时，先将馅心包入坯料内，包捏后放入印模内按压成型。

（2）套模。套模又称套筒，它是用铜皮、铁皮或不锈钢皮制成的各种平面图形的套筒。成型时，用套筒将轻擀成平整坯皮的坯料，逐一套刻出规格一致、形态相同的成品或半成品，如糖酥饼、花生酥、小花饼干等。成型时常与擀连用。

（3）盒模。盒模（图5-5）是用铁皮或铜皮经压制而成的凹形模具或其他容器。它的形状、规格、花色很多，主要有长方形、圆形、梅花形、荷花形、盆形、船形等。盒模主要源于中式面点民间小吃（稀糊状坯）的成型，同时，吸收了西点的制作方法。成型时将坯料放入模具中，经烘烤、油炸等方法成熟后，便可形成规格一致、形态美观的成品。它常与套模配合使用，也有同时挤注或分坯连用的。常见的品种有蛋挞、布丁、水果蛋糕、萝卜丝油墩子等。

图5-5　盒模

（4）内模。内模是用于支撑成品、半成品外形的模具，规格、式样可根据品种形态要求制作。内模的设计应充分考虑脱模因素。常用的内模，如羊角、螺丝转。

以上这些模具，都是作为一种成型方法中的各种借用工具，具体应按制品要求选择运用。

2. **成型的方法**

模具成型的方法大致可分为生成型、加热成型和熟成型三类。

（1）生成型。生成型是将半成品放入模具内成型后取出，再熟制而成。如月饼。

（2）加热成型。加热成型是将调好的坯料装入模具内，必须经熟制成型后取出。如蛋糕。

（3）熟成型。熟成型是将粉料或糕面先加工成熟，再放入模具中压印成型，取出后直接食用。如绿豆糕。

3. 操作关键

（1）根据面点品种要求，选用适当的模具。模具都有本身固定的形态、规格，通过模具成型也是将制品在模具的限制下形成固定的形态和规格。如广式月饼模，有大小、形体、花纹等不同选择；饼干的套模、盒模更是花色多样；只有选用适当的模具，才能达到符合制品规格的要求。

（2）抹油防粘方法步骤正确，处理得当。防粘是各种模具成型的保证。对模具的处理好坏是不粘模关键。不同的模具处理的方法稍有不同，如套模根据面坯的要求可用面粉或油防粘；盒模、内模常用于加热成型，制品容易在加热成熟时粘住模具，脱模时被损坏，模具刷油前一定要清理干净并烘烤加热，才能达到防粘的要求。

（3）装模适当。模具的填装也是非常讲究的，一是关系制品的规格、形态；二是关系成型质量。因此，不同的模具有不同的填装要求和方法，一般生成型、熟后成型要求将坯按实、按平即可，主要做到不粘模；加热成型则必须考虑加热成熟后制品将发生的变化，如膨松类制品应根据膨松度填装 6~8 成较为合适；松质糕类则要考虑蒸汽传递热能的因素，填装的较为疏松。

第四节　膨松面坯成熟

一、蒸

1. 概念

蒸就是把面点制品的生坯放在蒸锅（或笼屉、蒸箱）内，利用蒸汽温度的作用，使其生坯成熟的一种方法，行业把这种熟制法叫做蒸或蒸制法。成品称蒸制品或蒸食。

根据火力的强度，可分为大火蒸制和中火蒸制。

（1）大（猛）火蒸制。大火蒸制是指熟制生坯时直接用沸水旺（猛）火蒸制。沸水旺火使蒸锅内蒸汽充足猛烈（行业中称之为"汽硬"），生坯表面受热迅速便于定型，而当强烈的蒸汽传导至生坯内部时，面筋蛋白质受到强热后，猛烈膨胀，迅速冲破表面定型的包裹，形成爆裂开口的现象。如叉烧包、开花馒头、棉花糕的蒸制必须用猛火，否则，达不到内部膨松柔软、表面爆口的效果。

（2）中火蒸制。中火蒸制是指熟制时使用沸水中等火力蒸制。中火蒸制火力柔和、平稳，热量由外而内缓慢传导，生坯有一个自然舒缓膨胀的过程，成品形状自然、线条流畅。如各式包子、花卷等。另外，马蹄糕、百果年糕、小枣发糕等需要成熟后切片（块）的生坯，也需要用中火蒸制，否则，会表面起泡、组织结构不细腻，甚至会有表面定型而里边不熟的现象。

在面点蒸制的实际操作中，还经常会遇到蒸制中调节火力变化的情况。如根据产品要求，在蒸制成熟时采用生坯冷水上锅、蒸制中先大火后中火或先小火后大火以及在蒸制时采用不断打开笼屉盖释放部分蒸汽等手段。

总之，蒸制成熟火候的掌握是根据产品的品质特征确定的，只有正确地掌握蒸制中的每一个环节，才能使制品达到质、色、味、形俱佳的质量标准。

2. 特点

蒸制品能形成以下几个特点。

（1）适应性强。蒸制法是面点制作中应用最广泛的熟制方法。除油酥面坯和矾、碱、盐面坯（如油条）外，其他各类面坯都可使用蒸制法。蒸制法特别适用于酵母膨松面坯（如豆沙包）、米粉面坯（如椰蓉糯米糍）、水调面中的温水面坯（如花色蒸饺）、热水面坯（如月牙蒸饺）和物理膨松面坯制品（如蒸蛋糕）等。

（2）膨松柔软。在蒸制过程中，应保持较高温度和较大湿度，制品不仅不会出现失水、失重和炭化等现象，相反还能吸取一部分水分，膨润凝结，加上酵母和膨松剂产生的作用，使大多数制品组织膨松、体积胀大、重量增加、富有弹性，冷却后形态美观，色泽光亮，吃口柔软，鲜香味美。

（3）形态完整。这是蒸制法的显著特点。在蒸制中自生坯摆屉后，制品就不再移动，直至成熟下屉，所以，成品保持完整形态。

（4）馅心鲜嫩。在蒸制过程中，由于面点中的馅心不直接接触热量，并且是在较高的温度和饱和的温度下成熟的，所以，馅心卤汁较多而不易挥发，这样馅心不但能保持鲜嫩，而且蒸制品也容易内外成熟一致。

3. 蒸制操作方法

（1）蒸制工艺流程。蒸锅加水→生坯摆屉→蒸制→下屉→成品。

（2）蒸制技术要点及关键。

①蒸锅加水：锅内加水量应以六至七分满为宜。过满，水热沸腾，冲击并浸湿笼屉，影响制品质量；过少，产生气体不足，

易使制品干瘪变形，色泽暗淡。

②生坯摆屉：摆屉前应先垫好屉布或其他可垫物，再将生坯摆入蒸屉。摆屉时，要按统一的间隔距离摆好放齐。其间距要使生坯在蒸制过程中有充分的膨胀余地，以免粘在一起。另外，还要注意口味不同的制品和成熟时间不同的制品，不能同屉蒸。

③蒸前饧发：蒸制的面点品种上屉前有的需饧发一段时间，特别是酵母膨松面坯制品，成型后饧发至表面饱满、光滑、胀大膨松，这样可使蒸出的制品具有弹性的膨松组织。但饧面的温度、湿度和时间又直接影响着制品的质量。

温度　应控制在 28～32℃。饧面的温度过低，蒸制后胀发性差，体积小；饧面的温度过高，生坯的内部气孔过大，组织粗糙，还会使制品坍塌。

湿度　饧面的湿度小，生坯的表面易干裂；饧面的湿度大，表面易结水，蒸制后易产生斑点，影响质量。

时间　饧面的时间过短，起不到饧面的作用；过长又会使制品软塌。

所以，饧面时，应保持一定的温度和湿度，并注意饧面的时间。但应根据制品的要求，灵活掌握。

④水沸上屉：无论蒸制什么品种，首先必须把水烧开，在蒸汽上升时，才能将制品放入笼屉。

⑤蒸制时间：蒸制时掌握好制品的成熟时间，才能保证制品的质量。由于面点的品种不同，所用面坯、原料、质量的要求也不同，应正确掌握制品的成熟时间，主要应根据成熟品种的难易程度来掌握火候。

总之，要使制品达到成熟，并保持质、色、味、形俱佳，必须正确掌握熟制时间，做到恰到好处。

⑥成熟下屉：制品成熟后要及时下屉。制品是否已经成熟，除正确掌握蒸制时间外，还可进行制品检验，如馒头看着膨胀，

按压无黏感，一按就膨胀起来，并有熟食香味，即成熟；反之，膨胀不大，手按发黏，凹下不起，又无熟食香味，即未成熟。另外，下屉时还可揭开屉布洒些冷水，以防屉布沾皮。拿出的制品要保持表皮光亮，造型美观，摆放整齐，不可乱压乱挤，馅制品要防止掉底漏汤。因此，下屉要及时。

⑦蒸制技术关键："蒸食一口气"，这句行业俗语道出了蒸制的关键。也就是说，在蒸制过程中，笼屉盖要盖紧，防止漏气。一般中途不宜掀动，以便保持温度均匀，这样才能使制品很好的成熟。总之，只有正确地掌握蒸制中的每一个环节，才能使制品达到质、色、味、形俱佳的质量标准。

二、烤

1. 概念

烤是指将成型的面点生坯或半成品放入烤炉中，利用烤炉内的不同温度使面点生坯或半成品成熟的熟制方法，也称为烘烤或焙烤。

烤制成熟法按照炉温分类，大致有低温烤制、中温烤制、高温烤制3种。

（1）低温烤制。低温烤制一般指烤炉温度需要设在170℃以下的熟制工艺。此温度范围的烤制火力缓慢柔和，生坯失水相对较多，外形能够充分自然流散，适宜烘烤造型流散性大或体积较大（熟制后切块）的茶点，如核桃酥、酥条等。另外，由于烤炉温度较低，原料受热缓慢，需要焙干、烤熟的面点原料芝麻、花生、核桃、面粉等也常采用低温烤制。

（2）中温烤制。中温烤制一般指烤炉温度需要设在170～220℃的熟制工艺。此温度范围的火力均匀，大多数点心的熟制均设在此范围内。

（3）高温烤制。高温烤制一般指烤炉温度需要设在220℃以上的熟制工艺。此温度范围的烤制火力迅速而猛烈，生坯表面迅速成熟定型并锁住内部水分，适宜烘烤外酥脆内柔软的面点制品，如烧饼类。

2. 特点

制品在炉内受热均匀，烤制的面点色泽鲜明，形态美观，口味较多。其质感外酥脆，内松软；或外绵软，富有弹性。用于烘烤成熟的制品范围较广，主要有膨松面坯、油酥面坯等，如面包、蛋糕、各种火烧、饼干、酥点等，从普通面食到精细糕点都能制作。

3. 烤制操作方法

（1）烤制工艺流程。烤箱定温→达到预定温度→放入生坯→掌握温度、时间→成熟。

（2）烤制操作方法。烤制的操作较简单，有的用烤盘入炉，烤箱烤制；有的放入炉膛壁或贴在膛壁上烤制。前者因简便所以使用广泛。做法是将烤盘擦干净，在盘底抹一层薄油，放入生坯，把炉温调节好，推入炉内，掌握成熟时间准时出炉。为了使制品熟透，有些厚大制品可以在烤制前或烤制中在制品的表面扎些眼，再进行烤制。检查制品是否成熟可用手轻按制品的表面，如能还原即熟。还可以用竹签插入制品，拔出后无黏糊状即成熟。烤制成熟的制品，因其表面水分的蒸发，其重量较生坯有不同程度的减轻。

第五节 膨松面制作实例

一、蝴蝶卷

蝴蝶卷，见图 5 - 6 所示。

原料：面粉 300g，酵母 8g，白糖 10g，南瓜泥 90g，温水 65g。

图 5 – 6　蝴蝶卷

制作流程：

（1）将南瓜切成小块放在蒸笼上蒸熟后，用刀背塌成南瓜泥。备用。

（2）将面粉 150g 加酵母 4g、白糖 5g 拌匀后加温水调成面团，盖上干净的湿布直至发酵。剩余的原料加南瓜泥调制成团同上面的方法一样直至发酵备用。

（3）将黄、白 2 种面团分别擀制成约 0.5cm 厚的长方形薄片。然后把白色的长片放在黄色的面片上稍压紧使两者融合，卷起成圆柱形。

（4）卷紧后用刀切成 2～3cm 的段，将 2 个段平放并对着放在一起，收口在内测。在约 2/3 处用筷子收个腰使其沾在一起即可成行。

（5）将做好的蝴蝶卷饧约 25 分钟，上蒸笼 15 分钟左右。

成熟方法：蒸。

成品特点：形似蝴蝶，松软味香。

注意事项：

（1）制作时注意水温不能太高，否则，会把酵母烫死而不能发酵。

（2）面团一定要擀平，然后要比较干一点，操作才更方便。

二、奶黄包

奶黄包，见图 5 -7 所示。

图 5 -7　奶黄包

原料：面粉 500g，泡打粉 5g，酵母 10g，白糖 20g，水 250g。

配料：白糖 150g，鸡蛋 2 个，生粉 40g，吉士粉 10g，黄油 50g，牛奶 100g。

制作流程：

1. 发面

将面粉中加入泡打粉，酵母，白糖粉（先将白糖擀细），温水拌成葡萄面，揉成表面光滑的面团，盖上保鲜膜后，静置发酵 30 分钟。

2. 调制奶黄馅

（1）将鸡蛋液打散，放入白糖继续搅打至白糖溶化。将黄油放入小碗内，入笼蒸制，至黄油溶化。

（2）鸡蛋糖液中加入黄油，生粉，吉士粉，牛奶搅拌均匀。

（3）将搅拌好的液体倒入碗内，入笼蒸约 15 分钟（5 分钟搅拌一次），晾冷后使用。

3. 成型

（1）将饧好的面搓成长条，揪成大小一致的剂子，将剂子竖放于案板上，撒上少许干面粉后，用手按成边薄中厚的圆皮。

（2）取皮一张，上馅后，包捏成圆球形（无缝包），收口向下放于案板上，用刀在生坯顶部割出一个十字刀口（能看见馅心）。

4. 醒面

将生坯放入已刷油的蒸笼内，醒约 10 分钟。

5. 蒸制

旺火沸水蒸约 12 分钟。

成熟方法：蒸。

注意事项：

（1）根据气温掌握好发酵的时间。若天气较冷时，可将装有面团的盆子放入热水中，或将面团放入醒发箱中进行发酵。

（2）调制奶黄馅时，要注意将各料充分搅拌均匀；蒸制时每 5 分钟搅拌 1 次。这样制作出来的奶黄馅，其口感才嫩滑。

三、三丁大包

三丁大包，见图 5-8 所示。

原料：面粉 500g，干酵母 10g，泡打粉 5g，白糖 10g，温水 260g。

配料：猪肋条肉 150g，熟冬笋肉 150g，熟鸡肉 100g，干虾子 15g，绍酒 15g。

辅料：酱油 30g，白糖 10g，鸡汤适量，水适量，淀粉 30g。

制作流程：

图 5 – 8 三丁大包

（1）把面粉放在案板上，将酵母、泡打粉、白糖拌匀后加入温水调成雪花状。然后揉成表面光滑的团（冬天要保温），静置待发足备用。

（2）把猪肋条肉铲去猪皮，放入汤锅内煮至七成酥（用筷子能插入即可），取出待凉后，剔去肉骨，与熟冬笋肉、熟鸡肉一样分别切成 0.7cm 大的小丁。

（3）炒锅放旺火上，下鸡汤、酱油、绍酒、白糖、虾子、熟肉丁、熟鸡丁、熟笋丁烧沸，下水淀粉上下翻动，使汤汁稠粘推匀，盛出摊盘内待凉备用。

（4）将发酵面放面板上（面板上要撒干面粉，以防酵面黏面板）揉匀搓成条下剂50g左右，用直擀面杖擀成中间厚边上稍薄的圆皮。放上馅心，包成金鱼嘴形状的包子，然后饧约20分钟。

（5）将醒发三丁包放入蒸笼内，用旺上急蒸12分钟左右至熟，端格离锅取出。

成熟方法：蒸。

成品特点：膨松柔软，馅心松散爽滑，鲜咸味浓，略有甜味。

注意事项：

（1）酵面要发足，水温不能太高，否则会把酵母烫死。膨松面团松软，能吸馅卤，味道更浓。

（2）三丁馅炒好后冷却，必须放冰箱使卤汁冰冻后备用。

四、生煎包

生煎包，见图 5 - 9 所示。

图 5 - 9　生煎包

原料：面粉 500g，干酵母 10g，泡打粉 5g，白糖 10g，温水 250g，色拉油 100g。

馅心：猪肉馅 250g，盐 5g，料酒 10g，糖 5g，生抽 15g，鸡精、水适量，葱姜汁 15g。

装饰：小葱末 50g，芝麻 50g。

制作流程：

（1）面粉放在案板上将酵母、泡打粉、白糖拌匀后加入温水调成雪花状。然后揉成表面光滑的团，静置待发足备用。

（2）猪肉馅加入葱花，盐，生抽，姜粉，胡椒粉，糖，料酒，香油，葱姜水等全部搅打上劲成为馅料备用。

（3）发酵好的面团揉均匀饧置 10 分钟备用。把面团分成 2

份，取一份搓成粗细均匀的条下剂子约 30g。取一份擀成圆皮包入肉馅。再包成小包子，依次全部做好，排放在抹油的煎锅中，再次饧置 10 分钟。然后撒上黑芝麻开火煎至 2 分钟。浇上适量的冷水，加盖焖至。水干后再撒上葱花。再焖至 2 分钟关火。

成熟方法：煎、蒸。

成品特点：色白软而松，肉馅鲜嫩，上软底脆，香味浓郁。

注意事项：

（1）生煎包的面团要软硬适中，肉馅要选肥瘦相夹的猪肉最好。

（2）肉馅中的葱姜水，要慢慢一点点的加入，边加入边搅打直到被肉馅全部吸收，这样做出的肉馅才会鲜嫩多汁。

（3）煎的时候先要煎至 2 分钟让包底定型，再加入冷水大火蒸至水干。葱花最后再放，稍焖 2 分钟出香即好。

（4）生煎包不能太大，每份面团比饺子皮稍大一点就好。

五、豆沙松酥夹

豆沙松酥夹，见图 5 - 10 所示。

原料：

（1）坯料。低筋面粉 250g，白糖 100g，黄油 100g，净鸡蛋 100g，泡打粉 5g，吉士粉 12.5g。

（2）馅料。豆沙馅 350g，碎花生仁 1 200g。

（3）装饰料。鸡蛋液 50g。

制作流程：

1. 面团调制

面粉和泡打粉、吉士粉和匀筛过放案板上，8 个窝，将黄油用手搓匀成膏体，往面粉窝中加入白糖、鸡蛋，搓至白糖溶解后，再加入和好的黄油，最后将旁边的面粉拌匀，轻轻用手折叠

图 5 - 10　豆沙松酥夹

2～3 次即成。

2. 生坯成型

先将面团分成 2 等份，将其中 1 份压薄放入烧盘中，用面杖压实成松酥底坯；再将豆沙馅加入碎花生仁拌匀，放在松酥底坯面上；将另 1 份松酥皮压薄放在豆沙馅上面，用面杖压实，在面上抹一层蛋液（图 5 - 11）。

图 5 - 11　生坯成型

3. 生坯熟制

将烤盘放入200℃烤箱烤熟即成。

成熟方法：烤。

成品特点：菱形块，色泽金黄，酥松香甜。

注意事项：

（1）坯料比例要得当。

（2）调制面团时采用"折叠法"调制。

六、蛋糕杯

蛋糕杯，见图5-12所示。

图5-12　蛋糕杯

原料：

（1）坯料。鸡蛋8只，糖400g，面粉400g，鲜奶油400g，泡打粉12g。

（2）装饰料。瓜子仁50g。

制作流程：

1. 面团调制

鸡蛋液倒入打蛋机中打发起泡,倒出;鲜奶油和白糖倒入打蛋机中,再打发。面粉、泡打粉拌匀,筛入鲜奶油中,拌匀,再将奶油糊与蛋泡糊拌匀,舀入蛋糕杯中。

2. 生坯成型

将蛋糕杯放入160℃烤箱中烘烤15分钟即可。

成熟方法:烤。

成品特点:色泽金黄,膨松柔软,细腻滋润,奶香浓郁。

注意事项:

(1)蛋清采用中速打发。

(2)蛋黄、液态鲜奶油(打发)与面粉拌匀后再加入蛋泡中拌匀。

(3)烘烤的温度一般为180℃。调制面团时采用"折叠法"调制。

第六章　层酥面品种制作

第一节　层酥面坯概念与特点

一、层酥面坯的概念

层酥面坯是由两块性质完全不同的面坯组成——水油面坯和干油酥，经过包、擀、叠等开酥方法，使其具有酥软清晰的层次结构，行业中称其为层酥面坯。

不论是大包酥还是小包酥，其在酥层的表现上有明酥、暗酥、半暗酥之分，其中明酥的酥层在纹路上有直酥、圆酥之别。

1. 明酥

经过开酥制成的成品，酥层明显呈现在外的称为明酥。明酥按切刀法的不同可以分为直酥和圆酥（图6–1）。明酥的线条呈直线形的称为直酥，线条呈螺旋纹形的称为圆酥。

图6–1　直酥和圆酥成品

2. 暗酥

经过开酥制成的成品，酥层不呈现在外的称为暗酥。

3. 半暗酥

经开酥后制成的成品，酥层一部分呈现在外；另一部分酥层在内的，称为半暗酥。

二、层酥面坯的特点

按原料配方区别，一般分为水油皮、擘酥皮、酵面层酥皮三类。

1. 水油皮

以水油面为皮、干油酥为心制成的水油皮类层酥，这是中式面点工艺中最常见的一类层酥。

其特点是层次多样，可塑性强，有一定的弹性、韧性，口感松化酥香。代表品种有"京八件"中的酥皮点心和各种花色酥点。

2. 擘酥皮

以蛋水面与黄油酥层层间隔、叠制而成的层酥，在广式面点中最常见，是由西式面点衍生而来的一种酥皮。其特点是层次清晰，可塑性较差，营养丰富，口感松化、浓香、酥脆。代表品种主要有中点西做的咖喱擘酥角、叉烧酥（图6-2）等。

3. 酵面层酥皮

以发酵面坯为皮、干油酥或炸酥为心的酵面类层酥，在我国地方小吃中比较常见。其特点是体积疏松，层次清楚，有一定的韧性和弹性，可塑性较差，口味暄软酥香。代表品种主要有苏式面点的黄桥烧饼、蟹壳黄，京式面点的乐亭烧饼、油酥火烧、高炉烧饼等。

图 6 - 2　叉烧酥

第二节　层酥面坯调制

水油皮、擘酥皮和酵面层酥皮这 3 种层酥，虽然面坯的口感和质地差别明显，但其起层起酥的原理基本相同。

一、皮面的调制

层酥皮面坯主要用于包制干油酥，起组织分层作用，由于它含有水分，因而具有良好的造型和包捏性能。

1. 水油面

以面粉 500g、猪油 125g、水 275g 的比例，将原料调和均匀，经搓擦、摔挞成柔软有筋力、光滑不黏手的面坯即成。

2. 蛋水面

以面粉 500g、鸡蛋 150g、水约 150g 的比例，将原料和匀揉透，整理成方形，放入平盘置于冰箱冷冻待用。

3. 酵面皮

以面粉 500g、酵母 5g、水约 300g 的比例，将原料和匀揉透，成为光滑、有韧性的面坯即成。

二、酥心面的调制

油酥面主要用于水油面的酥心，有分层起酥的作用。由于它既无韧性、弹性，又无延伸性，因而不能单独使用。

1. 干油酥

以面粉 500g、猪油 275g 的比例，将面粉与猪油搓擦均匀、光滑即成。

2. 黄油酥

以面粉 350g、黄油 1 000g 的比例，将面粉与黄油搓擦均匀成柔软的油酥面，整理成长方形，放入平盘置于冰箱冷冻待用。

3. 炸酥

以植物油直接兑入面粉中，调和成稀浆状即成。植物油既可以直接与面粉调和，也可以加热后趁热浇入面粉。油与面粉的比例通常根据制品的需要而定，开酥工艺只能采用"抹酥"的方法。

第三节　层酥面坯成型

一、层酥面坯成型方法

层酥面坯成型的方法主要有 2 种。一种是包酥，即用皮面包裹油酥面，通过擀、叠、卷等手法制成有层次的坯剂；另一种是叠酥，即用皮面夹裹油酥面，通过擀、叠、切等手法制成有层次的坯剂。其实在实际工艺中，由于制品的需要，还常常将包酥和叠酥两种开酥方法混用。

1. 包酥工艺

包酥适合于水油酥皮和酵面层酥。根据剂量大小又有大包酥和小包酥之别。

（1）大包酥工艺。大包酥分为两种情况：一种是将水油面（或酵面）按成中间厚、边缘薄的圆形，取干油酥放在中间；将水油面边缘提起，捏严收口，擀成长方形薄片，折叠 2 次成三层，再擀薄；由一头卷紧成筒状，按剂量下出多个剂子。另一种情况是将水油面（或酵面）擀成片，将炸酥抹在水油面上，将抹过炸酥的面片从一头卷成筒状，再按剂量下出剂子。

这种先包酥（抹酥）后下剂子的开酥方法，一次可以制成几十个剂子。它的特点是速度快、效率高，适合于大批量生产。但是酥层不易均匀，为使酥层清晰均匀，常常去边角余料较多，造成较大浪费。

（2）小包酥工艺。先将水油面与干油酥分别揪成剂子，用水油面包干油酥，收严剂口，经擀、卷、叠制成单个剂子。

这种先下剂子后开酥的方法，一次只能做出 1 个剂子或几个剂子。它的特点是速度较慢、效率较低，但成品比较精细，适合做高档宴会点心。

2. 叠酥工艺

叠酥适合于水油酥皮和擘酥皮。叠酥工艺方法大致有 2 种。

（1）水油皮叠酥工艺。以水油面包干油酥，捏严收口，用走槌轻轻擀成长方形薄片，将两端折向中间，叠成三层；再用走槌开成长方形薄片后对叠，再次擀成长方形薄片。用刀修下四周毛边，切成 0.5cm 宽、15cm 长的条。在每根长条的表面刷上蛋液，依次将长条层层叠在一起成为一个长方块，将长方块翻转 90°，使每层刀切面朝上，再斜 90°角将长方块切成 0.5cm 的薄片，用面杖将薄片顺直线纹擀成片。

（2）擘酥皮叠酥工艺。黄油酥和蛋水面皮和好后，将其分别擀成长方片（厚约 0.7cm，蛋水面是黄油酥面积的 1/2 大小）放入平盘，盖上半湿的屉布，冷藏约 2 小时。以黄油酥夹蛋水面，用走槌开一个"三三四"即成。

二、层酥面坯制作要领

（1）水油面与干油酥的比例要适当。水油面过多，酥层不清，成品不酥；干油酥过多，成型困难，成品易散碎。

（2）水油面与干油酥的软硬要一致，否则，易露酥或酥层不均。

（3）开酥时要保证面坯的四周薄厚均匀（叠酥时四角要开匀），开酥不宜太薄。

（4）根据品种要求不同，灵活掌握开酥方法。

（5）开酥时要尽量少用生粉，卷筒时要卷紧，否则，酥层间不易粘连，成品易出现脱壳现象。

（6）切剂时刀刃要锋利，下刀要利落，避免层次粘连。

（7）下剂后，应在剂子上盖上一块干净的湿布，防止剂子表面风干结皮。

（8）酵面层酥不适宜使用小包酥方法，也不适宜开明酥。

第四节　层酥面坯成熟

层酥面坯分明酥、暗酥和半暗酥。这里以烤制暗酥制品为例，介绍层酥面坯成熟工艺，其他层酥面坯类似。

一、暗酥制品的烤制

任何烤制品由生变熟，并形成金黄色、白色、组织膨松、香甜可口、富有弹性的特色，都是炉内高温的作用。所以，烤制品的工艺关键在于掌握炉温。

1. 炉温

由于烤箱的种类较多，各种烤箱的结构不同，炉内不同部位的温度也不同。特别是不同的面点制品，成品的口感要求、色泽要求、造型要求各异，炉温的确定是成品达到要求的基本条件。一般情况炉温大致分低温、中温、高温3种。

（1）低温。烤箱温度在170℃以下。烤箱温度较低，面坯的流散性强，也有利于保持面坯的原有色泽。但低温长时烤制会造成面坯水分的流失，容易造成成品干硬的口感。低温适宜烤制颜色较浅的暗酥制品。

（2）中温。烤箱温度在170～220℃。此温度范围内，炉内的热传递、热辐射较为均匀、柔和，适宜烘烤的暗酥品种范围较广，如佛手酥、鸳鸯酥、枣花酥等各式花色酥点。

（3）高温。烤箱温度在220℃以上。较高的烤箱温度能够使制品迅速定型，也能保持成品中的水分。但成品容易上色，烤制时间稍长也容易焦煳。高温适宜烤制体积较厚、质感外焦里嫩的暗酥成品，如黄桥烧饼、芝麻酱烧饼、乐亭烧饼等。

2. 烘烤温度

烤箱温度的适时调节包含两方面含义，一方面是上下火温度一致时，烤制过程前后温度变化的调节；另一方面是在烤制过程中虽然不需要变化温度，但底火和面火温度不一致的调节。

（1）炉内温度的整体调节。烤制品是在高温中通过传导、对流、辐射作用成熟的。许多成品要求外表酥脆，内瓤松软，只用一种温度很难达到质感要求，烤制不当会造成外表焦煳内部不熟的结果。面点烤制实践中大多数品种都是采取"先高后低"的调节方法，使制品表面达到上色的目的。外表上色后，就要降低炉温，使制品内部逐步成熟，达到内外一致的目的。

（2）底火温度与面火温度的调节。烤箱内的底火具有向上鼓起的作用，且热量传递快而强，热量以传导的方式进行。所以，底火主要决定制品的膨胀或酥松程度，即烘烤的制品是否松发，发酵制品是否胀大隆起，均取决于底火的作用。如果底火过小，易使制品表面焦煳，底面不熟；如果底火过大，易使制品底面焦煳，坯体松发性差等，所以，要根据成品要求掌握底火。面火主要决定制品的外部形态，其热能的传递是以辐射方式进行的。烘烤中若面火过小，易使生坯上部改变形态；如果面火过大，则易使坯体顶部过早凝固僵硬，影响底火的向上鼓起作用，导致坯体膨胀不够。所以，底火、面火各有作用，又相互影响，烘烤操作中应根据不同制品的造型质量要求，灵活调节底火、面火的大小，使之符合不同制品熟制工艺的需要。

烤制品的成熟度与温度的高低和烘烤时间的长短有密切的联系。炉温的高低与烤制时间的长短又是相辅相成、相互制约的。如果炉温低，时间长，会使制品水分蒸发，使制品失水；如果炉温低，时间短，则使制品不易成熟或变形。如果炉温高，时间长，制品则外煳内硬甚至炭化；而炉温高，时间短，会使制品外焦内嫩或不熟。在实际操作中，必须根据制品体积的大小、厚薄、原材料的处理情况及炉温的高低来掌握烤制时间。

烤盘间距和生坯在烤盘内摆放的密度对烘烤也有直接影响。如果摆放稀疏，不利于热能的充分利用，易造成炉内湿度小、火力集中，使制品表面粗糙、灰暗甚至焦煳；如果摆放过密，影响生坯膨胀，甚至相互粘连，破坏造型。因此，生坯摆放的间隙既不能过稀也不能过密。生坯摆放以满盘为宜。

3. 烘烤湿度

烘烤湿度是指烘烤中的湿润程度，由炉内湿空气和制品本身蒸发的水分构成。烘烤湿度直接影响制品的色泽和口感。如果湿度适当，可使制品上色均匀且恰到好处；如果湿度小，制品上色差且无光泽，口感干燥粗糙。烤制工艺中炉内相对湿度以 65% ~ 70% 为宜。对含油量、糖量少的品种要注意增加湿度。炉内湿度与炉温、炉门封闭情况和炉内烤制品数量等因素有关。

调整湿度的方法主要有 2 种。

（1）设备调节。有些烤箱带有恒湿控制，还有些烤箱具有补水功能。当烤制品需要恒湿控制或增加湿度时，按动恒湿按钮或补水按钮即可。

（2）手工调节。普通烤箱没有恒湿或补水功能，可以采用人工调节的方法。第一，可在烤箱内放一碗水进行调节，在烘烤中因水蒸发而达到增强炉内湿度的目的。但操作中要注意防止水洒在烤盘上。第二，烤制工艺中减少开烤箱门的次数，以避免水分散失。第三，烤箱外的排气孔可适当关闭，以利保湿。

二、暗酥成品的烤制质量

暗酥的酥层层次不显现在制品表面，所以，对其质量要求除符合制品的色、味、形、质等质量要求外，还要求横切面有层次、制品不散、不碎，形状规整，有一定的胀发性；成品无生心、无硬皮。

第五节　层酥面制作实例

一、油酥肉烧饼

油酥肉烧饼，见图 6－3 所示。

主料：面粉（油皮）150g，油酥 100g，沸水 50g，酵母 2g，温水 70g，色拉油 40g，芝麻装饰。

馅心：猪肉泥 100g，料酒、生抽、五香粉、葱姜、盐均适量、蛋液 15g。

制作流程：

（1）油皮的面粉加入沸水，搅拌均匀。再加入温水和酵母和成光滑的面团。

（2）油酥的面粉加入油，和成团并盖上干净的湿布，饧约30 分钟。直至油皮的面团发酵至 2 倍大。

图6-3 油酥肉烧饼

（3）猪肉馅加入料酒，生抽，五香粉等材料，搅拌均匀备用。

（4）把发酵好的油皮和酥皮分割成数量相等的小剂子。将每1小块的油皮剂子包入酥皮中，收口朝下。

（5）擀制成约1cm厚的牛舌状，从一端卷起后按扁再次擀制成之前的形状，反复3次后饧置约15分钟。包上肉馅后包成圆形稍按扁后收口处涂上蛋液芝麻。

（6）将生坯放入烤盘内，180℃，25分钟即可。

成熟方法： 烤。

成品特点： 鲜香酥脆，色泽黄亮。

二、荷花酥

荷花酥，见图6-4所示。

原料：面粉400g，水65g，糖10g，猪油150g，食用色素少许。

馅心：豆沙馅50g。

制作流程：

（1）油酥制作。

图6－4 荷花酥

水油酥制作：将250g面粉加水、糖、猪油50g，和成面团，分成2份，其中，一份加入粉色色素和成面团。将2个面团分别包上保鲜膜，饧约30分钟。

干油酥制作：将面粉150g加入100g猪油擦制成油酥面团包上保鲜膜饧30分钟。将饧好的粉色油皮面团分成5份，白色油皮面团也分成5份，油酥面团分成10份。

（2）取一个粉色水油皮面团按扁，将一个油酥面团包好，收口成圆形。同样的方法再做1个白色水油皮面团。

（3）将包好的红色面团按扁，擀成椭圆形，饧约10分钟。同样去白色的也是如此。然后分别由上至下卷起并顺着长边的方向擀制成之前的形状。反复2次即可。

（4）把两种颜色的面团分别擀制成圆形后，并将两个面皮重叠粉色的面皮放在上面，白色在下面，包上豆沙馅。

（5）收口，滚圆，排入烤盘。用刀在表面切出对称的花瓣，形似荷花，刀口深至能看见内馅，送入烤箱。

成熟方法：烤150℃，时间30分钟。

质量要求：形似荷花，酥香味浓，外表美观，颜色艳丽。

三、绣球酥

绣球酥，见图 6 – 5 所示。

图 6 – 5　绣球酥

配料：面料 500g，猪油 300g，水 100g，白糖适量。

馅心：枣泥。

操作流程：

（1）干油酥调制。面粉 200g 内加入猪油 160g，揉成干油酥。

（2）剩余面粉内加猪油、水，和成水油酥，醒 20 分钟待用。

（3）把两个面团都放到案板上，擀成长方形片，用水油面片包入油酥面片后擀成长方形的约 1cm 的薄片，折四层继续擀制反复折叠 3 次后，再擀成 5mm 厚的薄片，用直径 3cm 的圆边戳子戳出圆片。

（4）包入枣泥，收口捏紧，做成馒头形状，沿着馒头表面，从上到下，用刀连划七八刀，并用手轻轻一拨，使刀口处张开，呈现层纹，即成绣球酥生坯。

（5）锅置于火上，放入油，中火烧至五成热，将生坯入锅炸；见层次展示。浮出油面，即可捞出；晾凉，撒上白糖、青红丝，装盘食用。

成熟方法：炸。

成品特点：酸甜可口，形似绣球，酥层清晰，色泽金黄。

四、菊花酥

菊花酥，见图6－6所示。

图6－6　菊花酥

原料：面粉500g，酥油250g，水150g，豆沙200g。

配料：鸡蛋10g，白糖适量，芝麻装饰。

制作流程：

（1）油酥制作。

水油酥：面粉300g加入100g酥油、水调制成团。

干油酥：剩余面粉加水调成面团，面团饧约20分钟。

（2）将水油酥擀成稍薄皮把干油酥包如内部，像包包子一样包起。收口放在下面，正面稍按扁擀成长方形，然后三折继续擀成约1cm厚的薄片再次三折，反复3次。

（3）把擀好的面片用圆形的模具刻成直径4cm的圆坯，放入豆沙馅包起后按扁。将按扁的面团用刀将边上切成对称均匀的12 等分。中间留有直径 1cm 的圆形不切断。

（4）顺着刀划开处将花瓣拧起，切面朝上。烤盘铺油纸，菊花酥摆放在盘上，中间部位刷上蛋液后撒上芝麻即可。

（5）烘烤：180℃预热 5 分钟，时间 25 分钟即可出炉。

成熟方法：烤。

成品特点：形似菊花，酥层清晰，甜香酥脆。

五、黄桥烧饼

黄桥烧饼，见图 6 –7 所示。

图 6 –7　黄桥烧饼

原料：面粉 500g，熟猪油 150g，猪板油 150g，白芝麻 70g，饴糖 10g，老酵面 80g，碱面 7g，葱 65g，盐 10g，温水 120g，冷水 15g。

制作流程：

（1）将葱切末放入盘中。

（2）将饴糖放入碗中，加冷水，调成饴糖水。

（3）将猪板油撕去筋膜，用刀切成边长 0.6cm 的小立方体，放入盘中，加精糖，搅和成板油馅心，分成10份。

（4）将250g面粉放在案板上围成塘坑，加入热猪油，掺和后反复用掌推擦至面团光滑不黏手时，即成干油酥面团，揪成10个剂子。

（5）将剩余的面粉放在案板上围成塘坑，加入温水、熟猪油及老酵面（撕碎），拌和揉透，直至面团光滑不黏手时盖上湿布，饧1小时，成水油酥面团。

（6）将水油酥面团房子案板上，加碱面揉匀揉透后饧10分钟，搓成粗条，揪成10个剂子（每个剂子约45g），用手按扁，包入干油酥面剂子，捏拢收口，按扁，用擀面杖擀成长形，自左向右卷拢，然后再将其按扁后擀成长条片，折叠成方皮，按扁，每个包入生板油馅1份，葱末6.5g，捏拢收口后擀成椭圆形，随后用软刷在饼面上刷一层饴糖水，沾满芝麻便成烧饼生坯。

（7）当烤炉温度至220℃时，将烧饼生坯放入烤盘内，入炉烘烤4~5分钟，待饼面呈金黄色，饼身涨发至熟透后取出。

成熟方法：烤。

成品特点：芝香味甜，亮黄酥脆。

注意事项：

（1）面团要反复擦透，按规定形状擀制。

（2）收口要整齐，用大火烤熟，不能焦煳。

（3）擀时要平整，擀制时用力要适中，以免干油酥面挤成块状，影响层次。

第七章　米粉面品种制作

第一节　米粉面坯概念与特点

一、米粉面坯的概念

米粉面坯特指用米粉与水混合制成的面坯。米粉面坯按原料分类，有籼米粉面坯、粳米粉面坯、糯米粉面坯和混合米粉（镶粉）面坯；按面坯的性质分类，有米糕类面坯、米粉类面坯和米浆类面坯。

二、米粉面坯的特点

1. 米糕类面坯的特点

米糕类品种根据工艺又分为松质糕和黏质糕。松质糕具有多孔，无弹性、韧性，可塑性差，口感松软，成品大多有甜味的特性。如四色方糕、白米糕。而黏质糕具有黏、韧、软、糯，成品多为甜味的特性。如青团、桂花年糕、鸽蛋圆子。

2. 米粉类面坯的特点

有一定的韧性和可塑性，可包多卤的馅心，吃口润滑、黏糯。如家乡咸水饺、各式汤圆。

3. 米浆类面坯的特点

体积稍大，有细小的蜂窝，口感黏软适口。如定胜糕、百果年糕。

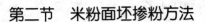

第二节　米粉面坯掺粉方法

为了提高米粉制品的质量，将不同种类的米粉或将米粉与面粉掺和在一起，使其在软、硬、糯等性质上达到制品的质量要求。

一、糯米粉与面粉掺和的方法

将糯米粉、粳米粉、面粉按一定的比例三合为一，用水调制成团。也可在磨粉前将各种米按成品要求以一定的比例调和，再磨制成粉与面粉混合。这种掺粉方法制成的成品不易变形，能增加筋力、韧性，有黏润感和软糯感。

二、糯米粉与粳米粉掺和的方法

根据制品质量的要求，将糯米（占60%～80%）与粳米（占20%～40%）按一定比例混合（称为"镶粉"），加水调制而成。这种掺粉方法可根据制品的工艺要求配成"五五镶粉""四六镶粉"或"三七镶粉"。使用镶粉制成的成品有软糯、清润的特点。

三、米粉与杂粮掺和的方法

米粉可与澄粉、豆粉、红薯粉、小米粉等直接掺和为一体，也可与土豆泥、胡萝卜泥、豌豆泥、山药泥、芋头泥等蔬果杂粮混合制成面坯。这种面坯制成的成品具有杂粮的天然色泽和香味，且口感软糯适口。

第三节　米粉面坯制作工艺

米粉面坯分为米糕类和米粉类2种。

一、米糕类制作工艺

米糕类面坯根据面坯性质又分为松质糕和黏质糕 2 种。

1. 松质糕工艺

松质糕又根据拌粉水的不同，分清水拌和糖浆拌两种。清水拌是用冷水与米粉拌和，拌成粉粒状（或糊浆状）后，再根据不同品种的要求选用目数不同的粉筛，将米粉（或糊浆）筛入（或倒入）各种模具中，蒸制成型。糖浆拌是用糖浆与米粉拌和，将粉坯拌匀、拌透后，蒸制成型。糖浆拌可用于制作特色糕点品种。

松质糕工艺注意事项：第一，要根据米粉的种类、粉质的粗细及各种米粉的配比，掌握适当的掺水量；第二，为使米粉均匀吸水，抄拌和掺水要同时进行；第三，拌好后要静置饧面。

2. 黏质糕工艺

黏质糕拌粉工艺与松质糕基本相同，但糕粉蒸熟后，需放入搅拌机内，加冷开水搅打均匀，再取出分块、搓条、下剂、制皮、包馅、成型。

米糕类品种制作时，检验其成熟与否的方法是：用筷子插入蒸过的粉坯中，拉出后观看有无黏糊，没有黏糊的即为成熟。

二、米粉类制作工艺

米粉类面坯工艺分为生粉坯工艺和熟粉坯工艺 2 种。

1. 生粉坯工艺

基本工艺程序是先成型后成熟。其特点是可包多卤的馅心，皮薄、馅多、黏糯，吃口润滑。生粉坯熟处理的方法有泡心法和煮芡法 2 种。

（1）泡心法。将糯米粉、粳米粉互相掺和后倒入缸盆内，中间开成窝。冲入适量的沸水，将中间的米粉烫熟，再加适量的冷水将四周的干粉与熟粉一起反复揉和，直至软滑不粘手为止。泡心法工艺注意事项：沸水冲入在前、冷水掺入在后，不可颠倒。沸水的掺水量要准确，一次加够。如沸水过多，皮坯粘手，难于成型；沸水过少，成品易裂口而影响质量。泡心法适合于干磨粉和湿磨粉。

（2）煮芡法。取1/3份的干粉，加冷水拌成粉团，投入沸水锅中煮熟成"芡"，将芡捞出后与其余的干粉揉搓至光洁、不粘手为止。煮芡法工艺注意事项：根据气候、粉质掌握正确的用"芡"量。天热粉质湿，用"芡"量可少；天冷粉质干，用"芡"量可多。用"芡"量少则成品易裂口，用"芡"量多则易黏手，影响工艺操作。煮"芡"一般应沸水下锅，且需轻轻搅动，使之漂浮于水面3～5分钟，否则，易沉底粘锅。

2. 熟粉坯工艺

熟粉坯基本工艺程序是先成熟后成型，其方法与黏质糕基本相同。

第四节　米粉面制作实例

一、船点

船点，见图7－1所示。

原料：（制荸荠、鹦鹉船点各8只）细糯米粉100g，细粳米粉100g。

配料：可可粉适量，味精0.5g，红曲米粉0.4g，猪板油40g，熟猪油10g，黑芝麻16粒，绵白糖40g，芝麻油10g，青菜汁20g，熟鸡脯肉60g，鸡蛋黄12.5g，精盐0.4g。

制作流程：

（1）将猪板油、绵白糖放在案板上，一层板油一层糖，叠

图 7 –1　船点

齐、揿紧，切成细末，等量捏成 8 个团。将鸡脯肉切末放入盆中，加精盐、味精、芝麻油（5g）和熟猪油拌和备用。

（2）将细糯米粉、细粳米粉放在案板上掺匀。先取掺和好的生粉（50g）放入盆内，倒入沸水 20g，用手揉和，留下 2.5g（做荸荠芽用）后，加入红曲米粉（0.3g）揉成粉团，上笼蒸熟，取出加入生粉（50g）揉匀，从中取出（10g）掺入可可粉揉成酱褐色粉团，其余掺入较少的可可粉揉成酱红色。另取生粉（5g）掺入鸡蛋黄，揉成黄色粉团。再取生粉（45g）加入青菜汁（20g）揉和成团，上笼蒸熟，取出加生粉（50g）揉匀成绿色粉团。

（3）制荸荠坯。将酱红色粉团等量摘成 8 个，逐个用手搓至表面光滑成圆形，再捏成酒盅形，包入糖猪油馅心（约 10g），捏拢后搓成扁圆形的鼓墩状，上面揿一小窝。取酱褐色粉团（留少许做鹦鹉爪用）搓成细长条，在每个鼓墩的中部和上部各绕一圈，成箍。再取少许白色粉团和酱褐色粉团分别搓成短而细的嫩芽状，在每道箍上均匀地插三丛（每丛白色与酱褐色各半），剩余的酱褐色粉团和白色粉团，再分别搓成短而略粗的条（两头搓细，约7mm长）各8小段，交叉成类似十字形8个，用小钳从交叉处钳起，揿入荸荠上部的小窝中竖直，成荸荠芽状即成。

（4）制鹦鹉坯。将绿以粉团（100g）分成8段，每段在一端面上嵌入一条黄色面团，用手逐个揿成皮子，用筷挑入鸡脯馅心，略揿紧，收口后捏出鹦鹉的头颈和身躯，并在头两侧分别黏上黑芝麻成眼睛。取微少红曲米粉加水拌和后，做鹦鹉嘴。再将余下的绿色粉团做成8对翅膀，用模板刻出翅上的羽毛，再将酱褐色粉团做成8对鹦鹉爪，分别用竹筷戳入鹦鹉相应的部位，黏紧即成。

（5）将荸荠和鹦鹉生坯装入笼中，上旺火沸水锅蒸3分钟取出装盘，涂上芝麻油即成。

成熟方法：蒸。

注意事项：

（1）一般以细糯米粉、细粳米粉按5∶5的比例制作成粉团。

（2）蒸制时间不宜过长。

（3）色彩要协调自然，造型要精细逼真。

二、蜜枣粽子

蜜枣粽子，见图7-2所示。

原料：糯米625g，蜜枣375g，鲜苇叶315g，水草40g，蜂蜜30g。

制作流程：

（1）将糯米淘洗干净，用冷水浸泡2小时，倒入细竹箩筐中沥干水分待用。

（2）将鲜芦苇叶沸水煮至颜色变黄时，捞出冷水洗净，大叶每4个为一叠，小叶5个或6个为一叠，光面向上，水草泡软备用。

（3）取一叠芦苇叶，沿宽度方向逐页压好，将两端向中间

图 7 - 2　蜜枣粽子

折起，呈圆锥形斗，左手握住苇叶，右手放入 20g 糯米，上放 3～4 个蜜枣，再放 20g 糯米，盖住蜜枣，与斗口向平，将上部的苇叶按下包住斗口，用水草拦腰捆扎即成生坯。

（4）生坯放入锅内，倒入冷水以高出生坯 5cm 为准，加盖用旺火煮 1.5 小时后，改用小火焖煮 1 小时至熟，吃时剥去苇叶，浇上蜂蜜或撒上白糖。

成熟方法：煮。

质量要求：香甜软糯，苇鲜味浓。

注意事项：

（1）苇叶一定要煮至变色，否则，韧性不够，包制易断。

（2）捆扎时，生坯要扎紧，以免影响形状。

三、艾窝窝

艾窝窝，见图 7 - 3 所示。

原料：糯米 500g，米粉 50g，白糖 300g，青梅 50g，芝麻 50g，核桃仁 50g，瓜子仁 50g，冰糖 150g，糖桂花 50g，金糕 250g。

制作流程：

图7-3　艾窝窝

（1）糯米团调制。将糯米淘洗干净，用凉水浸泡6小时，沥净水后，上笼用旺火沸水蒸1小时，取出放入盆中，浇入开水300g，盖上盆盖，浸泡15分钟，使糯米吸饱水分（俗称吃浆）。再将糯米饭捞入屉中，上笼蒸30分钟取出，入盆中捣烂成团，摊在湿布上晾凉即可。

（2）馅心调制。先将核桃仁用微火焙脆，搓去皮，切成黄豆大的丁；芝麻用微火焙黄擀碎；瓜子仁洗净焙熟；青梅切成绿豆大小的丁；金糕切成黄豆大小的丁待用；然后将以上原料连同白糖、冰糖渣、糖桂花合在一起拌匀即成馅。

（3）制品成型。先将大米粉蒸熟晾凉，铺撒在案板上，再放上糯米团揉匀后，揪成小剂，逐个按成圆皮，然后在每个圆皮上放入馅心，包成圆球形即成。

成熟方法：蒸。

质量要求：形状如球，表面如挂一层白霜，质地黏软柔韧，馅松散而甜。

注意事项：

（1）糯米在蒸、泡过程中要吸足水分，蒸熟的糯米需捣烂。

（2）焙核桃仁、芝麻时，必须用微火，防止产生煳苦味。

四、三河米饺

三河米饺，见图 7 – 4 所示。

图 7 – 4 三河米饺

原料：籼米粉 500g，猪五花肉 300g，葱末 50g，酱油豆腐干 150g，姜末 15g，味精 5g，酱油 150g，精盐 25g，干淀粉 10g，熟猪油 10g，菜籽油 500g。

制作流程：

（1）馅心调制。将猪五花肉、酱油豆腐干均切成 0.5cm 见方的小丁；在锅中加入猪油烧热，下入肉丁、酱油豆腐干丁煸炒至肉变色，再加入姜末、葱末、精盐 10g、味精、酱油烧至入味后勾芡起锅即可。

（2）粉团调制。将籼米粉与精盐、水炒拌均匀，待水分被米粉完全吸干后出锅，倒于案板上揉匀即可。

（3）生坯成型。将揉好的粉团下剂子，用刀压成直径 7cm 的圆形皮子，包入馅心 20g，然后捏成饺子形状即可。

（4）熟制。将色拉油置于锅中烧至 200℃时，逐一下入制品生坯炸至色泽金黄即成。

熟制方法：炸。

品质特点：色泽金黄，外脆内软，鲜咸适口。

注意事项：

（1）炒制米粉宜用中小火。

（2）揉制粉团、制作坯皮时，都应抹一些油在案台上，以防粘连。

（3）炸制生坯时，火力不宜过大，宜中火炸制。

五、赖汤圆

赖汤圆，见图7－5所示。

图7－5　赖汤圆

原料：糯米500g，籼米150g，熟面粉50g，黑芝麻30g，白糖200g，熟猪油100g。

制作流程：

（1）将糯米、籼米一起淘洗干净，用清水浸泡至米粒松脆，然后再淘洗至水色清亮，磨成极细粉浆，用布袋挤干即可。

（2）馅心制作。将黑芝麻淘洗干净，用小火炒至酥香，碾成粉末，再与熟面粉、白糖、熟猪油擦匀，用滚筒压紧后切成1.2cm见方的小丁即可。

（3）生坯成型。将吊浆粉子加适量清水揉匀，分成小剂待用；再将每个小剂包入馅心 1 个，搓成光滑的小圆球形即可。

（4）制品熟制。将制品生坯下入沸水锅中煮至浮起，点清水 1～2 次，待汤圆柔软有弹性即可。

熟制方法：煮。

质量要求：色泽洁白，皮薄馅饱，软糯香甜。

注意事项：

（1）大米浸泡时间应根据季节而定，一般冬季稍长，夏季稍短。

（2）煮汤圆时，水应保持沸而不腾。

第八章　杂粮面品种制作

　　杂粮面坯是指以稻米、小麦以外的粮食作物为主要原料，添加其他辅助原料后调制的面坯。如玉米面坯、莜麦面坯、高粱面坯、荞麦面坯等。中式面点工艺中杂粮制品大多具有明显的地方风味。如晋式面点的莜面栲栳栳、京式面点的小窝头、秦式面点的荞麦鱼等。

第一节　玉米面坯制作

　　玉米粒破碎称为棒楂。棒楂有大小之分，棒渣加水后可煮粥、焖饭。

　　玉米粒磨成粉称为玉米面、棒子面。玉米面与水调制的面坯称为玉米面坯。玉米面有粗细之别，其粉质不论粗细，性质随玉米品种不同而有所差异。多数玉米面韧性差，松散而发硬，不易吸潮变软。糯性玉米面有一定的黏性和韧性，质地较软，吸水较慢，和面时需用力揉搓。

一、玉米面坯调制方法

　　将玉米面倒入盆中，根据品种不同，分几次加入适量的热水、温水或凉水，静置一段时间使其充分吸水，再经成型、熟制工艺即成。用热水或温水和面后静置，有利于增加黏性且便于成熟。普通玉米面可制作小窝头、菜团子、贴饼子、丝糕等，而新型原料黏玉米磨粉制成面坯还可做花色蒸饺和水饺等品种。

二、玉米面坯调制要领

1. 分次加水

玉米面吸水较多且较慢，和面时，水应分次加入面中，且留有足够的饧面时间。

2. 增加馅心黏稠性

普通玉米面没有韧性和延伸性，因而在制作带馅的玉米面品种时，应该尽可能增加馅心的黏稠性，使成品更抱团、不散碎。

3. 适时使用小苏打

用棒子楂煮粥焖饭或用玉米面制作面食时，可以适当使用小苏打，以提高人体对烟酸的吸收率，并增加黏稠度。

第二节　莜麦面坯制作

莜麦面与沸水调制的面坯称为莜麦面坯。莜麦面品种的熟制可蒸、可煮，成品一般具有爽滑、筋道的特点。食用莜麦面面时，讲究冬蘸羊肉卤、夏调盐菜汤（素卤）。莜麦面还可用作糕点的辅料。

一、莜麦面坯调制方法

将莜麦面倒入盆内，用沸水冲入面盆中，边冲边用面杖将其搅和均匀成团，再放在案子上搓擦成光滑滋润的面坯。烫熟的莜麦面坯，有一定的可塑性和黏性，但韧性和延伸性差。莜麦面可做莜面卷、莜面猫耳朵、莜面鱼等。

二、莜麦面坯制作要领

莜麦加工必须经过"三熟"，否则成品不易消化，易引起腹痛或腹泻。

1. 炒熟

在加工莜麦面粉时，需先把莜麦用清水淘洗干净，晾干水分后再下锅煸炒，炒至两成熟出锅。

2. 烫熟

和面时，将莜麦面置于盆内，一边加入开水一边搅拌，用手将其揉搋均匀，再根据需要成型。

3. 蒸熟

将成型的莜面生坯置于蒸笼内蒸熟，以能够闻到莜面香味为准。

第三节　高粱面坯制作

高粱呈颗粒状，所以，又被称为高粱米，高粱米磨成粉即为高粱面。高粱面色泽发红，因而又被称为红面。高粱面韧性较差，松散且发硬，做面食时，一般与面粉混合使用。

一、高粱面坯调制方法

高粱米浸泡在凉水中 30 分钟，将水倒掉，再加水焖饭、煮粥即可。高粱面一般与面粉按比例混合倒入盆内，用温水分几次倒入盆中，将面和成面坯，揉匀揉光滑，盖上一块湿布，静置10 分钟。高粱面坯可做红面窝窝、红面擦尖、驴打滚、红面剔尖和高粱面饼等。

二、高粱面坯制作要领

由于高粱米（特别是表皮）中含有一种酸性的涩味物质——单宁，所以，高粱米、高粱面制品常常口感发涩。去除涩味的方法有物理法和化学法两种。

1. 物理去除法

将高粱米浸泡在热水中，可溶解部分单宁，倒掉水后涩味脱

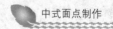

出。所以用高粱米焖饭、煮粥，一定要先用热水浸泡。

2. 化学去除法

在高粱面中加入小苏打，酸碱中和后可去除涩味。所以，做高粱面制品时，一般需要放小苏打。

第四节　荞麦面坯制作

荞麦面坯是以荞麦面（多为甜荞或苦荞）为原料，掺入辅助原料制成的面坯。由于荞麦面无弹性、韧性、延伸性，一般要配合面粉一起使用。荞麦面坯制作的点心，成品色泽较暗，具有荞麦特有的味道。

一、荞麦面坯调制方法

将荞麦面与面粉混合，与其他辅助原料（水、糖、油、蛋、乳等）和成面坯即可。品种有苦荞饼等。

二、荞麦面坯制作要领

（1）根据产品特点适当添加可可粉、吉士粉等增香原料，有利于改善产品颜色，增加香气。

（2）荞麦面粉几乎不含面筋蛋白质，凡制作生化膨松面坯，需要与面粉配合使用。面粉与荞麦面的比例以 7 : 3 为最佳。

第五节　杂粮面制作实例

一、窝窝头

窝窝头，见图 8 - 1 所示。

原料：细玉米面 400g，黄豆粉 100g，白糖 250g，糖桂花

图 8-1　窝窝头

10g，小苏打 1g，温水 150g。

制作流程：

（1）将细玉米面、黄豆粉混合后，放在案板上围成塘坑，放入白糖、糖桂花，分次加入温水搅合均匀，待糖溶解后，加入小苏打，掺入细玉米面、黄豆粉，使面团柔韧有劲。将面团揉匀后搓成直径 2cm 的圆条，揪成 80 个剂子。

（2）用右手蘸冷水，擦在左手掌心，将剂子放在左手手心，用右手指揉捻几下，用双手揉成圆球形状，放在左手手心里。

（3）用右手手指蘸冷水，在圆球中间钻一个小洞，边钻边转动面团，左手拇指及中指同时协同捏拢，使洞口由小变大，由浅变深，并将窝窝头端捏成尖形，直到面团厚度有 0.4cm，内壁外表均光滑时，摆入蒸笼内，用旺火蒸 10 分钟即成。

成熟方法：蒸。

注意事项：

（1）捏制成行时，双手应蘸冷水，以免黏手。

（2）捏制时，双手要熟练配合操作，保证成品窝壁厚薄一致。

二、莜面卷

莜面卷，见图 8 - 2 所示。

图 8 - 2　莜面卷

原料：莜面，水。

制作流程：

（1）莜面加水揉成团，面水大概 1 : 1 的比例，然后醒一段时间。

（2）菜刀刀背上抹少许油，揪出一小搓棉团，在手掌中揉圆，压扁，放在刀背上，用擀面杖擀成牛舌状。

（3）顺势卷起来，接口捏死。

（4）做的一个个小卷码在屉帘上。

（5）蒸锅烧开后，大火整 15 分钟。

三、豌豆黄

豌豆黄，见图 8 - 3 所示。

原料：白豌豆 500g，白糖 350g，碱面 1g。

制作流程：

图 8－3　豌豆黄

（1）煮豌豆与制豆泥。将豌豆磨碎、去皮、洗净。锅内倒入凉水 1 500 g，用旺火烧开，下入豌豆、碱面烧沸后改用微火煮 2 小时。当豌豆煮成稀粥状时，下入白糖搅匀，将锅端下。取盆上面放细筛，逐次将煮烂的豌豆和汤舀在上面，用竹板刮擦制成豆泥。

（2）炒豆泥。把豆泥倒入锅里，在旺火上用木板不断地搅炒，勿使煳锅。可随时用木板捞起试验，如豆泥往下流得很慢，流下的豆泥形成一堆，并逐渐与锅中的豆泥融合（俗称"堆丝"）时即可起锅。

（3）成型。将炒好的豆泥倒入白铁盘子（约 32 cm 长、17 cm 宽、2.3 cm 高）内摊平，用净纸盖在上面，晾 5～6 小时，再放入冰箱内凝结后即成豌豆黄（食用时揭去纸，将豌豆黄切成小方块或其他形状，摆入盘中即可）。

成熟方法：蒸、炒。

品质要求：颜色浅黄，细腻纯净，香甜凉爽，入口即化。

注意事项：

（1）制作豌豆黄讲究用白豌豆。

（2）碎豆瓣在锅中刚煮沸时，需将浮沫撇净，做出的豌豆黄颜色才纯正。最好不用勺搅动，以免豆沙沉底易煳。

（3）煮豌豆不宜用铁锅，因为豌豆遇铁器易变成黑色。

（4）豆泥要炒至老嫩适中。炒得太嫩（水分过多），凝固后不易切成块；炒得太老（水分过少），凝固后又会产生裂纹。

参考文献

罗文.2008.中式面点制作［M］.成都：四川天地出版社.

杨春丽，张淼.2014.中式面点制作大全［M］.济南：山东科学技术出版社.

张桂芳.2008.中式面点师（中级）［M］.北京：中国劳动社会保障出版社.